新农村人居环境与村庄规划丛书

新农村

新设计新建材

U0208877

中国社会出版社

陈衍庆 ○ 主编

图书在版编目（CIP）数据

新农村新设计新建材/陈衍庆主编．—北京：中国社会
出版社，2006.9
　（新农村人居环境与村庄规划丛书）
　ISBN 978 - 7 - 5087 - 1274 - 1

　Ⅰ．新…　Ⅱ．陈…　Ⅲ．①农村住宅—建筑设计②农村住
宅—建筑材料　Ⅳ. TU241.4　TU5

中国版本图书馆 CIP 数据核字（2006）第 105920 号

丛　书　名：	新农村人居环境与村庄规划丛书
书　　　名：	新农村新设计新建材
主　　　编：	陈衍庆
责任编辑：	魏光洁

出版发行：中国社会出版社　　　邮政编码：100032
通联方法：北京市西城区二龙路甲 33 号新龙大厦
　　　　　电　话：（010）66080300　　（010）66083600
　　　　　　　　　（010）66085300　　（010）66063678
　　　　　邮购部：（010）66060275　电传：（010）66051713
网　　　址：www.shcbs.com.cn
经　　　销：全国各地新华书店

印刷装订：中国电影出版社印刷厂
开　　本：185mm×240mm　1/16
印　　张：5.5
字　　数：80 千字
版　　次：2008 年 4 月第 1 版
印　　次：2014 年 7 月第 3 次印刷

定　　价：12.00 元

新农村人居环境与村庄规划丛书的序

农村公共管理与社会建设图书编辑委员会主任

建设部村镇建设办公室主任

李兵弟

由中央文明办、国家民政部等单位组织，包括建设部等中央和国家机关，以及社会众多部门参与的"建设社会主义新农村书屋"活动启动了，其中"新农村人居环境与村庄规划"丛书也出版发行了。这是一件值得庆贺的大事。

农村人居环境是我们人类居住环境的重要组成部分，是人类文明始祖最初定居从事以农业生产活动为主的生活形态，是与大自然长期共生、相互依存的恬静生活。随着工业化的进程和人类活动的加剧，这种田园诗般的农村古朴生活被不平衡的生产活动打破了；加之在特定的历史条件下对农村长期索取过多，带来农村生态环境的巨大负担，以及较长时期内对农村的投入不足，我们农村的人居环境竟成了"脏、乱、差"的代名词，一些农民的住房依然存在着难以觉察的安全隐患，城镇化过程中的农村与城镇之间的发展差距越拉越大，严重影响了农村稳定和城乡协调发展。社会主义新农村建设就是通过城乡统筹发展逐步并彻底解决我国的"三农"问题，"生产发展、生活宽裕、乡风文明、村容整洁、管理民主"的方针蕴含着改善农村人居环境的深刻内涵。村庄整治是实现农村人居环境改善的必要手段，是新农村建设的核心内容之一和长期艰巨的工作任务，是惠及农村千家万户的德政工程，是立足于现实条件、缩小城乡差别、促进农村全面发展的必由之路。加强村庄整治工作，有利于提升农村人居环境和农村社会文明，有利于改善农村生产条件、提高广大农民生活质量、焕发农村社会活力，有利于改变农村传统的农业生产生活方式。为此，建设部按照社会主义新农村建设要求制定和规范了村庄整治工作的相关制度。

怎样做好村庄整治，使农村人居环境得到持续改善，让农民和各级政府的积极性得到充分释放和有机结合，使我们的村庄整治更科学、更合理、更受农民欢迎，我想，重要的是要尊重和保护农民的利益，而其中一个主要的做法就是政府要把应该做什么，怎样做最合适，通过农民可以接受的方式告诉农民，让农民自己动手做，而且做得更好、更满意，这就是本套丛书的目的。目前这套丛书包含了农村建设领域的方方面面，尤其注重对历史文化与生态环境的保护，村庄整治与规划建设的管理，基础设施建设与安全防灾，新能源、新材料与适用技术的推介，节约型、和谐型村庄建设的引导，使农村人居环境建设和农村面貌的改善始终沿着中央制定的正确道路前行。

这一年多来，以中国建筑设计研究院小城镇发展研究中心一批长期专门从事村镇建设的专家为主，与清华大学、山西农业大学等学校的专家一起，通过辛勤劳动、无私奉献，在社会主义新农村建设的农村人居环境方面做了大量卓有成效的工作，他们深入农村、尊重民俗、了解民情、集中民智、反映民意，把科学技术知识转换成农民可以理解的语言，把政府的规范性要求分解成农民易于实施的行动，把符合地方特色、民族特色、农村特色的工法归纳为农民认可的做法，填补了农村建设领域中的不少空白。能否通过这套丛书，科学引导农村建设，改变农村落后的生活习俗，建设健康、卫生、安全、舒适、节约、环保和特色鲜明的新农村，这要由农民兄弟通过他们的实践来检验。

是为此，我愿意写这个序，期待更多的朋友关注新农村建设，期望更多为农民服务的书籍能送到农民兄弟的手中。

目　录

一 北京市昌平区推广"吊炕"新技术

1

吊炕利用热辐射、热传导原理,采用吸热材料、保温材料、调控空气流通量、定向散热的技术实现最高热利用,实现节能高效。

高效节能架空炕俗称吊炕,此项技术一改传统火炕结构,具有节能、高效、环保、卫生和提高室温的性能且炕面热度均匀。

与传统火炕相比,每铺吊炕每年可节约秸秆 1382 公斤,或节约薪柴 1210 公斤,相当于节约 691 公斤标准煤。烧一次火,炕温可持续 24 小时,提高室温 4~5 摄氏度。

1.现状概况

北京市昌平区面对能源日趋紧张、化石能源价格的不断上涨和农村环境的亟待改善的形势,于 2004 年和 2005 年在本区开始进行应用吊炕技术示范,并取得了凸显的效果。2006 年昌平区人民政府制定并实施了惠及百姓的"温暖工程",为十三陵、长陵、南口、流村、兴寿五个山区镇 13050 户农民搭建了吊炕,同时,这项工程也升华为北京市人民政府在新农村建设中的"暖起来"工程,全市搭建了 31000 铺吊炕。2007 年至今,该项工程仍继续实施。

吊炕在社会效益方面非常显著。吊炕以农作物废弃的生物质为燃料,其中以秸秆为主。原来,农村中杂乱堆积的秸秆、树叶等给农村环境造成了严重的污染,也影响了村容村貌。传统火炕虽以生物质为主要能源来源,但高耗能的旧的燃烧技术使得燃烧不充足,燃料浪费大,甚至还造成农民乱砍乱伐的现象,既破坏植被,又使生态环境遭到破坏,与此同时,灰尘和有害气体的排放量大,对室内室外空气造成严重污染。吊炕应用了新的燃烧技术,使得燃料能够燃烧充分,烧柴量大大减少,既实现了高效、节能、低排放保护生态环境的目标,又降低了化石能源的消耗,造福子孙后代。

吊炕还具有极大的经济效益。吊炕作为农民冬季取暖的辅助设施,降低了燃煤消耗,减少了能源费用,为农民减少了生活开支,同时改善了农民的居住环境,农民可在舒适、卫生的环境中度过一个个寒冷的冬天。

吊炕与传统火炕是有区别的(图1,图2),传统火炕是由炕帮、炕沿、灶台、炕箱土、炕码子、炕坯、重坯、烟囱构成(图3,图4);吊炕是由支腿、炕底板、炕帮、灶台或燃烧室、耐火隔热板(重坯)、石棉瓦、烟囱、烟囱闸板等构成(图5,图6)。

图1 传统火炕实景   图2 吊炕实景

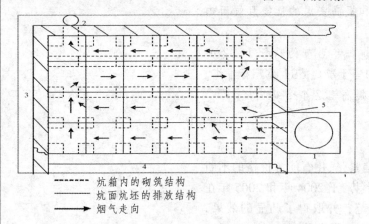

- - - - - 炕箱内的砌筑结构
———— 炕面炕坯的排放结构
——→ 烟气走向

1.灶台;2.烟囱;3.墙体;4.炕沿、炕帮;5.重坯、引火道

图3 传统火炕俯视平面示意图

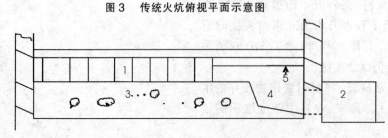

图4 传统火炕纵剖面示意图

2

2.吊炕技术应用

(1)吊炕模式

吊炕在辽宁省较早应用，但由于地域的差异，昌平区的工程技术人员又在辽宁吊炕的基础上不断创新，最终形成了"昌平吊炕模式"，"昌平吊炕"较原有吊炕有了五项新的发展：

①砌筑工艺的革新，比原搭建技术省料、省时。省料是指每铺炕减少用砖200块；省时是指由一名瓦工三名小工为一组，每天搭建一铺，提高到3天搭建5铺。

②新的烟道闸板设计、安装方法既安全又美观；微量透气设计避免了一氧化碳浓度过高、易出现爆燃的情况，且制作简单、成本低。

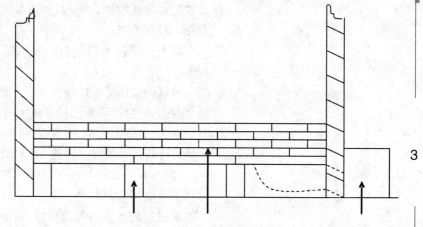

图5 吊炕正视示意图

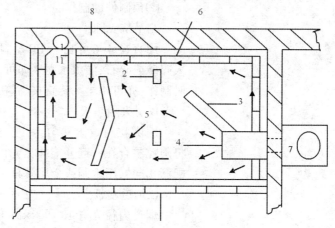

1.拦烟墙；2.箱内支墩；3.导向墙；4.耐火隔热板；
5.分烟墙(夹角为150°)；6.保温层；7.灶台；
8.墙壁；9.炕帮

图6 吊炕俯视内部结构图

③创新内置燃烧室搭建技术，在辽宁"炕连灶"的模式上又添新型，满足了各种不同需求。

④耐火隔热板的设计应用，解决了火道入口处局部过热现象，使炕热得更均匀；避免过多烧柴引起火灾的发生。

⑤将辽宁吊炕的炕底板的矩形比例尺寸，革新为"万能

3

尺寸"，适合各种场合空间，运用灵活，解决了过去裁板情况，方便、快捷、节省。

以上五项技术的创新，使原搭建成本由700元降低到470元。

吊炕的应用范围广阔。北方大部分地区有应用火炕的传统，"内燃式吊炕"可取代甘肃地区的"煨炕"；南方长江流域和高原地区，冬季不取暖，室温低，吊炕是提高其室温、改善居住环境的可行技术手段。因此，在全国应用此项技术前景广阔。

(2)吊炕所需材料及预制件的制作

①吊炕所需材料

水泥炕底板；砖；保温材料；水泥；沙子；黄土；烟闸板；石棉瓦；滑秸(即：干草、麦秸或稻草)；耐火隔热板；装饰瓷砖。

②预制件的制作

A.吊炕支腿

用直径4~6寸白色PE塑料管，锯成24厘米长，中间加入碎砖或碎石，灌入水泥浆即可。可随时制作也可提前12小时制作，亦可用半头砖直接砌筑4层。

B.耐火隔热板

用陶粒与黄土和匀，黄土、陶粒配比量约5:4，黄土能将陶粒黏合在一起并能抹出光面为合适(其钢筋与当地图纸配筋相同)，用木制或金属模具。

C.烟道闸板

烟道内径为宽18厘米×高16厘米。

D.炕底板

为梯形立方体，底面面积为长95厘米×宽63厘米；上面面积为长94厘米×宽62厘米；厚度为5厘米；混凝土不低于200#。

(3)既有农宅吊炕搭建方法

①搭建前的准备

首先检查原有烟囱是否通畅、无阻塞，烟囱直径不得小于16厘米，无漏烟(透风)现象。没有烟囱的房屋可在屋外沿外墙贴砌烟囱，俗称"霸王烟囱"。

②硬化地面

搭建前,如果地面没有打混凝土地面或衬砌瓷砖则必须进行地面硬化。即先用混凝土将所搭炕的同等面积地面打好,保养一周后再进行搭建。因为吊炕是数支支腿支撑整个炕体,是支腿受力,一旦出现地面下陷,炕底板将出现裂缝,影响正常使用,同时可能出现漏烟造成居民一氧化碳中毒。

③确定支柱和炕底板布置

④安放支腿和炕底板

炕底板摆放时需用水泥或黄泥重浆,必要时垫石渣,要求摆放平稳,否则会影响密封效果,导致漏烟。

⑤板缝的密封

板缝和炕板与墙面接触缝用 1∶2 的水泥砂浆灰填实密封,然后抹 1~2 厘米厚的草泥,再均匀撒上 1 厘米沙土或沙子。

⑥炕帮及保温层的砌筑(图 7)

炕帮采用"三顺一丁"四层的方法砌筑,即 12 厘米宽三层,6 厘米宽一层;保温层采用"一卧一立"方法砌筑,即 12 厘米一层 6 厘米宽、12 厘米高一层。砌筑完成后内部用草泥抹均匀密封。

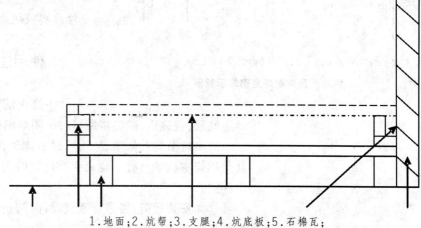

1.地面;2.炕帮;3.支腿;4.炕底板;5.石棉瓦;
6.草泥炕面;7.烟囱;8.填充保温材料处;9.墙体

图 7　吊炕侧剖面示意图

⑦烟道闸板和燃烧室的砌筑位置

A.烟道闸板安放要在砌筑保温层时安放就位,并且用草泥将所有缝隙抹实,然后将烟道口内抹光滑。

B.燃烧室安放根据房间所适合位置随机安放,砌筑四层砖的高度与支腿高度一致,内部用草泥抹严抹匀(图8)。

⑧炕洞支墩的布设

支墩布设的位置,为炕底板的交汇处。

⑨炕面处理

放好石棉瓦。安放时先在保温层和炕帮放好底泥,要均匀,不能断断续续,石棉瓦要在四周均匀留出2.5厘米的距离,然后压实,使底泥溢出,石棉瓦全部安放好后,炕面均匀抹上6厘米草泥,不得低于5厘米。四周要抹实,与溢出的泥紧紧结合,防止漏烟。

⑩装饰装修

根据户主所需,可贴瓷砖、涂涂料或用木板装饰。

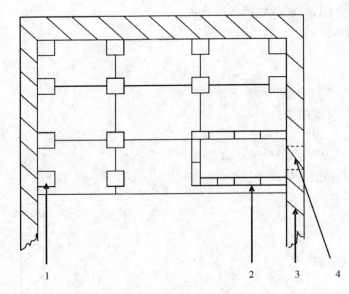

1.支墩;2.内置燃烧室;3.墙壁(或炕帮);4.填火口(进烟口)

图8　吊炕燃烧室砌筑示意图

3.使用注意事项

①烧火前,打开烟闸板,使烟道畅通;烧完后,待碳将燃尽时关闭烟闸板,封闭烟道。

②吊炕节能效果明显,不可过多烧柴,防止把炕烧焦,尤其是燃烧室和灶台处。烧火要在烧完时人才能离开,防止发生火灾。

③如安装灶门,需进行透气设计,防止产生一氧化碳,发生煤气中毒或瓦斯爆炸。

作者:张学林

设计单位:北京市昌平区农业能源办公室

项目负责人:张学林

设计人员:黄士安

北京市朝阳区黎各庄
既有农宅"厕改卫"技术

村庄改厕工作,从卫生角度看,关系到村民的身体健康;从文明角度看,关系到农村移风易俗和两个文明建设;从预防疾病角度看,能减少肠道传染病的发生;从经济角度上来看,一可减少村民生病几率,节省医疗开支,二可促进旅游事业的发展,三可加强有机肥的利用。

1.现状概况

黎各庄是沿温榆河建立起来的村庄,位于北京市朝阳区金盏乡,紧邻通州区,建村已有 300 多年。村庄产业基础较好,有丰富的经营管理经验。该村通过产业发展和陵园经济发展等途径,积累了相应的发展资金,为村民提供了较好的生活保障。2006 年,经北京市各级领导研究确定黎各庄村为北京市新农村建设试点村,对该村进行新农村规划。

黎各庄位于温榆河生态走廊,村庄建设目标是发展观光农业,这一特色农业将会吸引城乡居民前往参观游览。村庄围绕"水"和"绿",实施了大规模环境整治。其间,规划设计人员发现若村庄的传统厕所不改建,势必会给村庄的形象带来负面影响。改造村庄户厕现状是实现村庄建设目标的突破点。近年来,黎各庄村生产方式发生了变化,种植业、养殖业比例大大减少。过去村民不厌恶粪便,不管是牛、羊、猪、鸡、狗的粪便,还是人粪便,都可以应用到种植业、养殖业中。而今村民已不再以种植业和养殖业为生,户厕粪便就成为了多余之物,需要花钱请人将粪便清走。所以,村民提出改厕要求,村领导班子也尽快做出了改厕计划,全面考虑了改厕后村庄的经济效益、社会效益和环境效益。农民的改厕意愿,无疑是开展改厕的基本条件。从"茅房"到"卫生间"的过渡,体现了村庄整体文明程度的提高。于是,设计者在调查研究的基础上,制定出了务求实效的设计方案。

2."厕改卫"设计分析

(1)类型分析与选择

①户厕改建类型比较

由于黎各庄村地下水位高,水源充足,新建了给、排水管网,选用水冲式厕所取代旱厕,可以体现经济、卫生、合理、高效的改厕要求。户厕改造的可选类型为:自来水水冲三格化粪池式、节水型三格化粪池式、完整下水道水冲式卫生厕所类型。

在户厕改造中的排水和粪便处理问题上,设计者通过调查发现村庄规划之前,没有排水管道系统,村庄污水排放顺其地形,沿渠道排入温榆河。由于新建村庄排水管网系统中污水处理能力有限,且村庄新建排水管网最终至温榆河排放,粪便水处理不当,无疑将会对温榆河水造成污染,故目前户厕粪便水严禁与村庄排水管网相接。因此完整下水道水冲式排放方式不适合村庄发展要求,应采用设储粪池的排放方式。

经分析比较,选择节水型三格化粪池式、自来水水冲式三格化粪池厕所为村庄户厕改造的主要类型。

②水冲式三格化粪池厕所基本原理

三格化粪池厕所是由三个相连的池子组成,各池之间由过粪管连通。粪便处理主要利用腐化发酵、机械阻挡、缓流沉卵、密闭厌氧的原理。粪便在池内经过 30 天以上的发酵分解,中层粪液依次由 1 号池流至 3 号池,以达到杀灭粪便中寄生虫卵和肠道致病菌的目的。第3号池粪液成为优质肥料。

水冲式三格化粪池厕所由冲水设备、便器、滑粪道、过粪管、储粪池四部分组成。

户内节水型三格化粪池式卫生厕所是适合北方气候特点的农村新型卫生厕所。采用户内节水型高压水冲便器与户外预制型一体化三格粪池相结合的方式构成。化粪池保持埋深至储粪液面于冻土层以下,户内便器与户外化粪池之间采用"水封"隔味装置,确保厕室无味,且二次利用生活废水,高效节水。

节水型三格化粪池式卫生厕所应是村庄改厕发展的主要模式。

(2)设计要求与标准

①与环境的协调

村庄环境治理是一项系统工程,改厕与改路、改水、垃圾处理、绿化等环节之间均有内在的必然联系和相互的制约关系。村民户厕改建须以村庄整体规划为依据。为达到节约空间,有效利用给排水设施,方便粪便无害化处理,有利粪便统一管理、清运、使用等要求,化粪池按村庄现状和规划建设作统一设计,即位置要适当,远离水源井;化粪池不渗漏,密闭有盖,以防污染水源及空气。设计以村庄东北位置中院落一和院落二为例(图1)。

②院落间的协调

村庄户厕改造便是将

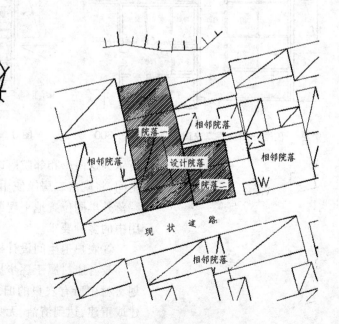

图1 改造院落一和院落二周围环境现状

9

10

旱厕改造为卫生间,卫生间要使用村庄的给排水设施,同时要解决通风、采暖、粪便处理等问题。由于生活水平的提高,村民有在室内如厕、洗浴、做饭等要求,且院落中有条件将厕所、洗漱间、浴室同放室内。在选择改建户厕的位置时,根据当地常年主导风向,建在院落中居室、厨房的下风侧,化粪池远离水源和厨房,建在房屋或围墙之外,同时协调院落间厕所位置和给排水设施布置的关系,便于施工、管理和清运。图2所示为两个相邻院落改造前的平面图,院落一旱厕在院子一角,院落二旱厕在院子之外,厕室仅为1平方米左右。图3

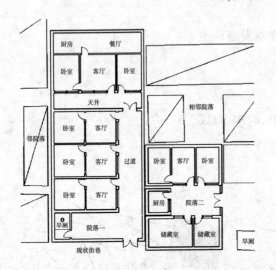 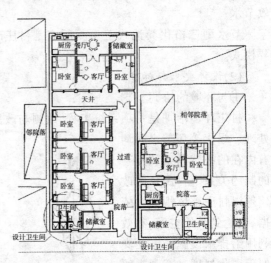

| 图2　院落一和院落二改造前平面图1：300 | 图3　院落一和院落二改造后平面图1：300 |

所示为这两个相邻院落改造后的平面图,院落一原位置建卫生间,将院落二房屋使用作了调整,利用储藏室建卫生间,原院落外旱厕位置地下建两个院落共用化粪池,设计满足了使用中的多种要求。

③农户卫生间设计标准

黎各庄村属于逐步拆建村,村民住宅不作重大改建,规划将村中所有农户的旧式厕所按三格式化粪池形式进行改建或重建,达到清洁、无味、使用方便的基本要求。近期改造目标集中于:

A.卫生设施改造

达到卫生厕所的标准：厕所内门、窗、墙、顶齐全,砖(石)混结构,地面硬化;室内有给排水设施;化粪池不渗、不漏,密封有盖,无蝇蛆,基本无臭;粪便进行无害化处理。使用陶瓷坐便器,利用水封阻隔臭气,有条件的厕内装饰瓷砖,安装洗手设施、取暖及洗浴设备。

B.调整布局

在不触动建筑结构的前提下,调整部分房间的功能布局,增加充足的洗浴面积,增加洗衣房。设计见图4所示。

C.改善卫生间的采光、通风和采暖条件

卫生间的外窗面积须满足采光与通风的室内卫生标准。设计见图5所示,院落一卫生间设有通风窗、室内有采暖设施。

D.扩大卫生间的使用面积

卫生间内基本面积大于2平方米,有条件的面积大于4平方米,以容纳更多的基本卫生设备。

(3)粪便处理建议

①粪便无害化处理,资源综合化利用

三格式化粪池的使用,大大减少了对环境的污染。设计同时要考虑粪便资源的合理化和综合化利用,构建生态农业良性循环系统。

②借户厕改造之机,改变村民的能源结构

沼气工程是系统能量转换、物质循环及有机废料综合利

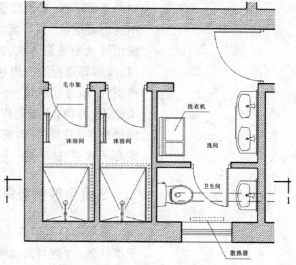

图 4　院落一卫生间平面图 1:50

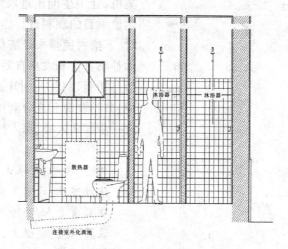

图 5　院落一卫生间剖面图 1:50

11

用的系统工程,我们要重视沼气能源在农村可再生能源发展中的重要地位。在环境治理过程中建议改变以往各家各户传统沼气池的建造方法,在对村庄排水沟、门台、路面、垃圾处理、改厕等进行统一规划和建设的同时,建大型储气罐,集中产沼气,通过管道统一供气,方便村民使用。同时,沼液可直接肥田、养鱼;沼渣制作高效优质有机肥用于无公害农作物的种植等。这样,既改变村民的能源结构,又达到社会、经济、生态三效益的统一。

12

3.资金筹措与保障

改厕项目是黎各庄村环境治理的内容之一。村民委员会干部认为:改厕与温榆河水源保护、村庄整体建设、旅游业的开发等息息相关,村民有改厕的愿望,村委会工作要以此为契机,让卫生间走进农民家庭的同时,推动其他相关新农村建设项目的顺利进行。经村委会讨论决定,让村民受益的同时,不给村民带来经济负担,改厕资金采用政府引导资金、集体补贴资金和农户自筹资金相结合的方式。如此,村民的生活品质得以提升,村庄的环境也得到改善,同时环境保护意识、节约资源和充分利用资源的意识、可持续发展的意识,将进一步深入人心,深入村庄建设的每一个环节之中。

作者:冯玲,胡岷山,陶为
设计单位:北京工业大学建筑与城市规划学院
项目负责人:冯玲
设计人员:胡岷山,陶为

三 北京郊区五种农宅户型实现节能节地

该项设计以气候分区上的严寒地区和寒冷地区为设计背景,探讨通过简单的建筑技术,即户型设计,来达到提高农宅居住的舒适度和节能节地的目的。设计明确不同功能用房所具有的不同舒适度要求,将平面按照建筑朝向进行舒适度分区。要求高的房间如厅、居室尽量布置在南向,以充分享受太阳的光和热。舒适度要求低的房间如储藏间、楼梯间等布置在不利的气候朝向,对主要使用空间形成围合和保护;对建筑内的竖向贯通空间如楼梯、两层通高的起居厅进行相对的封闭处理,阻断因高度而产生的温度垂直分布不均,实现温度的分区控制;在建筑开口部位设置过渡空间,如门斗、毗连阳光房等,缓冲冷风的直接渗透;利用在坡屋顶内设阁楼增加建筑面积,解决日照间距和宅基地不足的矛盾。

1.现状概况

当前北京郊区农宅多以平房为主,或楼房沿用平房格局,房间都平铺在地面上,进深过小,导致建筑外表散热面积大;走廊设在房屋南侧,居室反倒毗邻北外墙(冷墙),直接太阳能得热少,而失热多;以起居厅联系各房间并直接设外门,冷风渗透严重,冬季室内热气大量流失;普遍采用平屋顶并缺少绝热措施；照搬别墅模式，采用开敞式楼梯、两层通高起居室等，使得上下层间气流贯通，温度难以控制，增加采暖和空调负荷；外窗越开越大，通过窗户的热量流失严重；出于攀比心理，起居厅面积过大，而舒适度不高；房间功能单一，缺乏灵活性，空间适应性差。

除此之外，农民对于住宅的建设观念也存在一些误区，例如认为建筑节能就是加做外保温；将火炕等同于落后的生活方式，摒弃了这一传统的廉价高效的局部采暖方式；将阳光房类比于温室大棚，感觉档次低、不体面；盲目追求房间的数量，而忽视房间的舒适度。

设计者在调查中还了解到农户对住房的好恶习惯，他们大多认为：厅宜具备多功能，除起居外能兼顾来客就餐和生产功能；老人卧室要设在一层；不强调楼梯的装饰性；不追求卫生间的数量，但每层都要有；储藏空间要充分；厨房要足够大，适应多种燃料、多人操作、可就餐，与庭院联系方便，便于夏季在室外烹饪、就餐；庭院内宜设蹲式厕所，满足来客和院落内生产、生活的要求。

2.户型设计技术分析

（1）父子两代居户型（图1）

①适用情况

适合父子分家但同住一个院落。两家宅基地合为一个宽敞的大院，两代人分层居住，各走各的家门，既联系方便又相对独立，互不干扰。

②设计特点（图2，图3）

A. 平面进行舒适度分区：人停留的时间长、对舒适度要求高的起居厅、居室布置在采光最充足、日照时间最长的南向，避免了

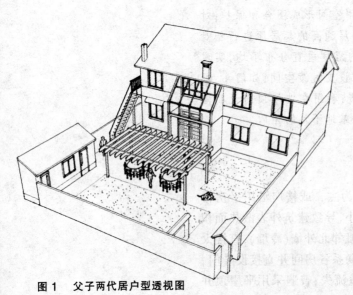

图1 父子两代居户型透视图

冷辐射强烈的北外墙，充分利用太阳能直接得热，减少冬季采暖能耗。厨房、卫生间、储藏室等次要空间对舒适度要求相对较低，布置在北向，与主要居室之间形成一个过渡层次，起到挡风保暖的作用。

B.起居厅内设暖炕，用节能、高效的吊炕来代替传统的土炕。暖炕与厅结合在一起设置，拓展了厅的功能，既可待客又可睡眠。必要时可拉帘幔，自成一室。暖炕同时也是费用最低、效果最有保障的一种采暖方式，不应摒弃。厅内预留充足的面积，空间连续，便于活动的扩展。

C.建筑入口设毗连阳光房，冬季成为加热冷风的门斗，防止冷风直接侵入主要厅室。但为防止夏季过热，在阳光房最高点设置热空气排出口。

D.厨房紧邻暖炕布置，内设柴灶和燃气灶。柴灶与暖炕相连但烟气不会进入厅室。设有通向侧院的单独出入口，方便燃料和生活垃圾的出入。

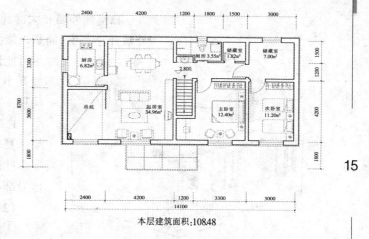

本层建筑面积：10848

图2　父子两代居户型一层平面图

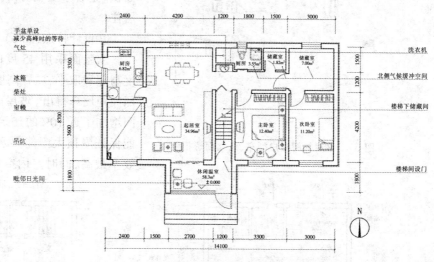

本层建筑面积：115.99　总建筑面积：224.47

图3　父子两代居户型二层平面图

15

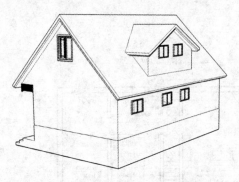

E.南侧外墙开大窗,使冬季入射室内的阳光更多。北侧外墙开小高窗,面积以能满足采光和夏季通风的要求即可,尽可能地减少冬季西北风的渗透。阁楼山墙开小窗,用于夏季通风换气,以免造成闷顶。

F.在院落中设置棚架,种植爬藤类瓜果。夏季枝繁叶茂形成阴凉的遮阳棚,而冬季叶落后不影响房间采光。这是改善院落局部小气候的有效措施。

(2)平房加阁楼户型(图4,图5)

①适用情况

在满足前后排房屋日照间距、檐口高度不突破邻家檐口高度的前提下,在原平房宅基地上加建阁楼,并且不缩减庭院的面积。适合子女临时留宿的老年空巢家庭居住。

②设计特点(图6)

A.屋面采用45度的坡屋面,檐口高度与邻居取平,屋脊高度根据后排房屋日照间距反算得出。坡屋面下形成的阁楼空间增加了近70%的建筑面积。45度坡面能保证屋顶太阳能热水器集热板的集热效率最高,同时室内空间的有效高度(人

图4 平房加阁楼户型南、东立面透视图

16

图5 平房加阁楼户型东、北立面透视图

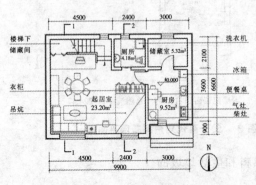

本层建筑面积:71.49 总建筑面积:130.31

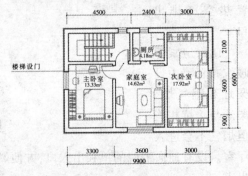

本层建筑面积:58.82

图6 平房加阁楼户型一层(左)及阁楼层(右)平面图

能直立的高度)也比较容易满足,从而能够充分利用阁楼空间(图 7)。

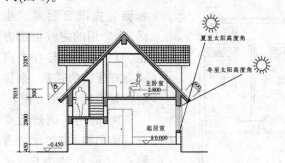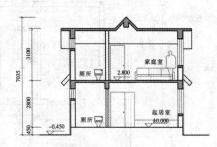

图 7　平房加阁楼户型剖面图

B.沿用平面舒适度分区的思路,主要厅室布置在南向,次要房间布置在北向。一层布置起居、厨房、餐厅,阁楼布置卧室,动静、洁污分区明确。

C.通过厨房入户。厨房充当了过渡空间的角色,既减少了设置入口玄关所需的交通面积,又能防止冷风直接进入厅室。南向厨房与庭院联系紧密,方便生活向院落扩展。

厨房宽敞,内设两人使用的便餐桌,方便在厨房内就餐和干家务。

D.厅内设吊炕,与厨房柴灶相连。面积宽敞,满足起居、就餐、打牌娱乐、睡眠等多种功能要求。

E.阁楼楼梯出口处设门,阻断上下层间的气流流通,使各层温度更易分别控制。

(3)合院式平房户型(图 8)

①适用情况

宅基地较为宽敞,建筑环绕庭院布置,延续了传统的合院式建筑风貌,地方特色浓厚。除自住外,还可开展旅游接待。

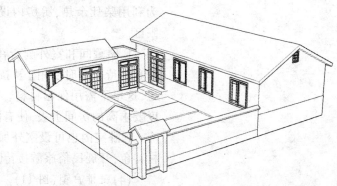

图 8　合院式平房户型透视图

17

②设计特点(图 9)

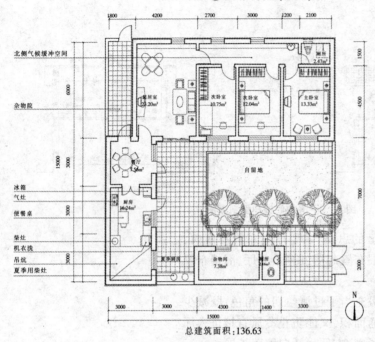

总建筑面积:136.63

图 9 合院式平房户型平面图-1

A.院落由正房、厢房和储物棚围合而成。生活、生产用的主院形态方正,日照充分,与各个房间都有便捷的联系。杂物院位置隐蔽,使用方便。

B. 沿用平面舒适度分区的思路,主要厅室占据位置最好的南向,走道、卫生间布置在北向形成温度缓冲区,厨房、餐厅自成一翼布置在厢房,动静、洁污分区明确。

C.用餐厅联系正房、厢房,所有的房间在室内都可连通,无需绕行室外。冬季可经餐厅入户,避免主要使用厅室直接对外开门造成屋内热气流失。

D.厨房设外门与院落直接联系,方便厨房为院落服务。为利用柴灶余热,厨房内设火炕,成为旅游接待时主人的睡眠区。

E.储藏间和室外厕所在院落内独立设置,便于在室外劳作和接待来客时使用。从按热舒适度需求分级建房的角度考虑,这里不需用保温材料。可以将节约的资金投入到热舒适度要求高的房间上去,使有限资金用在关键位置上。

F.卧室内也可设室外加柴的炕(图 10),利用其浓郁的乡村特色,开展民俗旅游接待。

(4)联排户型(图 11)

①适用情况

为了提高土地利用率,可将住宅毗邻布置。这样做的另一个好处是减少了每户外露的外墙面积，从而减少了外界气候对于室内的影响，具有明显的节能效果。照顾到农村分户的习俗，两户之间的分户墙可采用双墙的做法，该双墙由于毗邻布置可节省不少外墙保温的投入。

②设计特点(图12，图13)

A. 通过厨房入户，既便于为院落服务，又能防止冷风直接进入厅室。厨房也可做成温室型的，冬季通过南向玻璃窗集热，效果相当于不用燃料的太阳能暖气，因为玻璃易于清洁，还节省了不少贴瓷砖的投入。

B. 沿用平面舒适度分区的思路，主要厅室布置在南向，走道、卫生间、储藏间布置在北向。由于与邻居接壤，二层主卧室只有一面南向外墙，热舒适度最高。

C. 厅内设吊炕，形成起居、睡眠、就餐的多功能空间。炕与厨房柴灶相连，厅内无烟气熏蒸之扰。

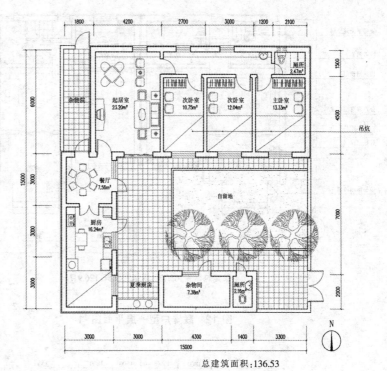

总建筑面积：136.53

图10　合院式平房户型平面图-2

19

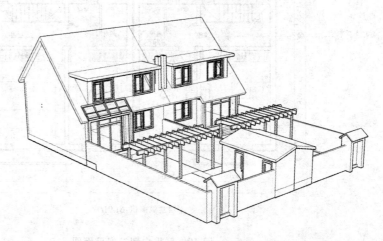

图11　联排户型透视图

20

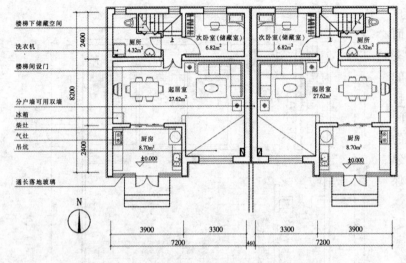

楼梯下储藏空间
洗衣机
楼梯间设门
分户墙可用双墙
冰箱
柴灶
气灶
吊炕
通长落地玻璃

厕所 4.32m²
次卧室(储藏室) 6.82m²
次卧室(储藏室) 6.82m²
厕所 4.32m²
起居室 27.62m²
起居室 27.62m²
厨房 8.70m²
±0.000
厨房 8.70m²
±0.000

2400
8200
2400

3900 3300 3300 3900
7200 460 7200

N

本层建筑面积:65/户 总建筑面积:126.91/户

图12 联排户型一层平面图-1

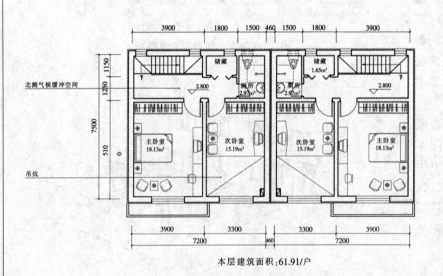

北侧气候缓冲空间

吊炕

储藏
2.800
储藏 1.65m²
2.800
厕所 2.92m²
厕所 2.92m²
主卧室 18.13m²
次卧室 15.19m²
次卧室 15.19m²
主卧室 18.13m²

3900 1800 1500 460 1500 1800 3900

1150
1250
510
0
7500

3900 3300 3300 3900
7200 460 7200

本层建筑面积:61.91/户

图13 联排户型二层平面图

D.二层楼梯口设门，防止楼下热气散逸。

E.厨房也可以设在北侧(图14)，与楼梯间、卫生间共同形成气候缓冲层，同时用柴灶加热卧室吊炕。南侧通过毗邻阳光间或门斗入户(图15)。

(5) 农家乐户型(图16)

①适用情况

在满足农户自身住房的条件下，便于开展旅游住宿接待，并保证一定的入住率，实现产业型的农宅。

②设计特点(图17,图18)

A.平面分区上一层为主人生活区和公共活动区，二层为游客生活区。楼梯靠近入口，游客入户后可直接上楼，而无需穿行主人生活区。主人卧室区与公共区域之间以门相隔，各区既联系方便又相对独

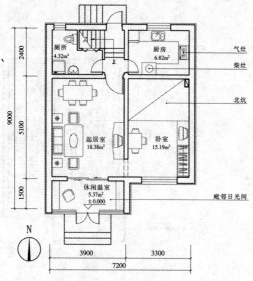

气灶
柴灶

北炕

毗邻日光间

本层建筑面积:68.54/户　　总建筑面积:130.45/户

图 14　联排户型一层平面图-2

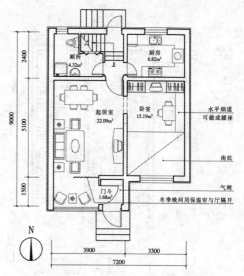

水平烟道
可做成暖座

南炕

气闸
冬季晚间用保温帘与厅隔开

本层建筑面积:68.54/户　　总建筑面积:130.45/户

图 15　联排户型一层平面图-3

21

立,互不干扰。

B.起居厅面积充足,能满足多人聚会、聚餐要求。二层游客区设四个卧房,已能满足最为普遍的自驾游、老少三代游、学生聚会旅游的接待要求,而初始投资增加不多。

C.通过门斗入户,防止冷风的直接渗透。

D.北厨房直接联系后院,同时可作为主要使用空间的气候缓冲区。厨房内设柴灶,利用余热加热北炕,提高北卧室的舒适度。

E. 采用直跑楼梯,占地少,楼梯下空间可直接利用。二层楼梯口设门,可控制上下层的气流贯通,同时分隔主、客空间。

图 16　农家乐户型透视图

22

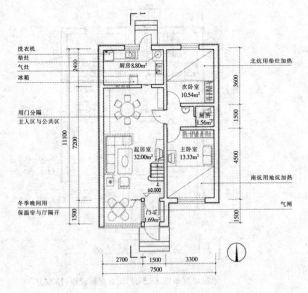

洗衣机
柴灶
气灶
冰箱

用门分隔
主人区与公共区

冬季晚间用
保温帘与厅隔开

厨房8.80m²

北炕用柴灶加热

次卧室
10.54m²

厕所
1.56m²

起居室
32.00m²

主卧室
13.33m²

南炕用地炕加热

门厅
1.69m²

气闸

2700 1500 3300
7500

本层建筑面积:88.24 总建筑面积:169.40

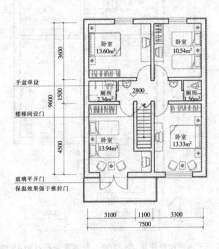

卧室
13.60m²

卧室
10.54m²

手盆单设

厕所
2.34m²

楼梯间设门

厕所
1.56m²

卧室
13.94m²

卧室
13.33m²

玻璃平开门
保温效果强于推拉门

3100 1100 3300
7500

本层建筑面积:81.16

图 17 农家乐户型一层(左)及二层(右)平面图

F.二层游客区设两个卫生间,比标间节省。采用面盆与卫生间分离的设计,减少高峰时的等待。

3.结语

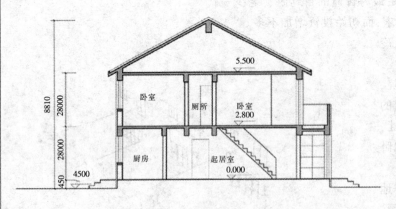

5.500

卧室

厕所

卧室
2.800

厨房

起居室
0.000

图 18 农家乐户型剖面图

新农宅的设计,虽然可以依据不同的设计理念形成不同的设计方案,但是对农户的生活习性的把握是做好农宅设计的基础。不考虑农村的经济条件、不考虑传统居住文化传承、不考虑农民实际使用需求,实行简单的拿来主义或只注重外在形式是不可取的。在建设既能延续传统居住模式又节能的新型农宅的过程

中,不应只被动地在原建房模式的基础上靠提高围护结构的
保温来提高节能效果。实践证明,主动地利用各种建筑布局
手段设置气候缓冲空间,减少外围护面积,精心设计住宅户
型也可以取得很好的节能效果,而建筑造价却可以少增加或
基本不增加。这对于自己投资、自己建设、自己使用的农民来
说,更是具有十分重要的意义。

作者:林川,瞿晓雨
设计单位:北京市建筑工程学院
项目负责人:林川
设计人员:瞿晓雨

23

黑龙江省林甸县胜利村
生态屋设计技术

胜利村生态屋设计技术是改善北方严寒地区乡村居民居住质量、创造舒适与生态的人居环境的设计策略与技术手段,通过对当地传统民居与生态屋进行的同步测试、评估与比较分析,验证了生态屋生态技术的有效性,为北方严寒地区乡村住宅建设的可持续发展指明了方向。

1.现状概况

胜利村冬季严寒漫长,夏季凉爽短促,乡村住宅多为传统的"490、370"砖房,还有一部分为生土建筑(图1)。近几年的新建住宅除外装修有所更新外,其他方面并未有大的改变,冬季室内居住质量较差,远未达到舒适与节能要求,且围护结构结露、结冰霜程度相当严重,在建筑四角处,由于冬季长期结露,墙体内表面发霉、长毛,严重影响

图1　传统生土民居

了室内的使用和美观。可见对北方寒冷地区乡村住宅进行绿色设计研究是非常必要的。

2.设计策略

(1)以人为本,在恶劣的条件下创造舒适的居住空间

建筑是为人服务的场所,它是因人产生,又因人而发展的。所以本项目设计本着"以人为本"的精神,重在满足人的舒适、健康和便利,符合农民生活、生产、学习与工作方式,同时尊重当地风俗习惯。北方乡村各方面条件都相对落后,农民居住质量较差,许多农户冬季薪柴不够维持室内应达到的舒适温度,全家人只能围绕火炕活动休息。因此适应当地经济条件、气候与地理特点,力争在恶劣的条件下创造舒适的居住空间与物理环境,提高冬季室内热舒适水平与空气质量,营造舒适与健康的绿色住宅是本项目的主要目标之一。

(2)与环境共生,最大限度地减少对环境的负面影响

我国政府在《中国 21 世纪议程——中国 21 世纪人口、环境与发展白皮书》中指出"必须努力寻找一条人口、经济、社会、环境和资源相互协调的,既满足当代人的需求而又不对满足后代人需求的能力构成威胁的可持续发展之路",因此在设计中力求降低建筑能耗,减少对大气的污染及对周围环境的干扰,协调人与自然生态的关系以尽可能保护各种不可再生资源,营造高质量的生态环境与建筑。

(3)因地制宜,发展本土中间技术

北方严寒地区乡村经济发展水平较低,住宅建设相对滞后,缺乏配套的基础设施,多数地区的住宅施工仍停留在亲帮亲、邻帮邻的传统的低技术手工状态,缺少专业施工队伍。对于偏远地区,由于道路交通不发达,更加阻碍了住宅建设的发展。因此北方乡村绿色住宅建设,首先应适应当地的经济条件和生产力发展水平,根据当地的施工技术、运输条件、建材资源等来确定建筑方案与技术措施,尽可能做到因地制宜,就地取材,采用本土中间技术,降低建造费用。可以说,只

有在本土技术的基础上,才可能发展为完善的生态技术。

3.适宜生态技术的研发

(1)可再生资源利用技术

①充分利用太阳能

北方寒冷地区乡村有丰富的太阳能资源,住宅无遮挡,太阳能利用得天独厚。考虑到当地技术条件与农民的经济状况,我们采用经济有效的被动式利用太阳能的方案,即增加南向卧室窗的尺寸,同时起居室外墙采用大玻璃窗构成阳光间。此方案在实际使用中取得了很好的效果。尽管房间进深很大,在寒冷的冬天,阳光仍充满室内各个角落(图2,图3),住宅景观与室内舒适性比传统民居有明显提高,深受农民的欢迎。同时为减少夜间室内热量通过大玻璃窗的散失,在起居室加设一道玻璃隔断及保温窗帘,有效地解决了阳光间夜晚保温的问题。

图2 生态屋外观

图3 生态屋阳光间冬季室内景观

②开发当地绿色建材

北方寒冷地区乡村民居中的一些采用当地可再生材料的本土做法(如拉合辫墙、草屋顶等)给了我们很大的启发。实地调查中发现:北方广大农村多数盛产稻草,且有的地区具有生产草板的能力(图4,图5)。如果在技术上处理得当,

图4　草板制作间

图5　农民自制的草板

28

我们认为草板与稻壳是一种非常理想的、可再生的绿色保温材料。它具有就地取材、资源丰富可再生,节省运输、加工费用与能耗等优势,因此本项目大胆采用了草板和稻壳作为生态屋围护结构的保温材料。同时研发了一系列相关技术(如加设空气层、透气孔及防虫添加剂等),以防止草板、稻壳受潮和受虫蛀等问题。该套技术施工简单,农民易操作,经实践检验效果很好,达到预期目标,目前已在该地区大量推广,深受农民欢迎(图6~图9)。

(2)节能技术

①控制对流热损失

图6　中法专家正在研究草板
复合墙的施工与排气问题

图7　墙体排气孔

图 8　草板稻壳复合保温屋顶

图 9　草板复合外墙

29

住宅入口是建筑的主要开口之一,是使用频率最高的部位。严寒地区冬季,入口成为乡村住宅的唯一开口部位,也是控制对流热损失的主要部位。入口的设计应既避免冷风直接吹入室内,又要减少风压作用下形成空气流动而造成室内热量的损失。因此设计者将入口朝向避开当地冬季的主导风向——西北,并在入口处加设门斗,不仅大大减弱了风力,同时门斗形成了具有很好保温功能的过渡空间。

②热环境的合理分区

在满足功能的前提下,改变传统民居一明两暗的单进深布局,采取双进深平面布置,将厨房、储藏等辅助用房布置在北向,构成防寒空间,卧室、起居等主要用房布置在阳光充足的南向。

③减少建筑散热面

体形系数是影响建筑能耗的重要因素,它的物理意义是单位建筑体积占有外表面积(散热面)的多少。由于通过围护结构的传热耗热量与传热面积成正比,因此,体形系数越大,说明单位建筑空间的热散失面积越大,能耗就越高。北方严寒地区乡村民居通常为以户为单位的一层独立式住宅,以目前几种典型户型(建筑面积 60~120 平方米)为例,其体形系数分布范围在 0.7~0.88 之间,超出城市多层住宅一倍以上,显然过大的体形系数对于乡村住宅的节能是极为不利的。因此,设计者在与当地农民协商后加大住宅进深并采用两户毗连布置方式,使体形系数降至0.63。

④提高围护结构保温性能

北方乡村住宅户均占有外围护结构面积大,因此乡村生态住宅设计的一个重要方面是提高住宅围护结构的保温隔热性能。我们在设计中采取了以下技术措施:

墙体:将传统的单一材料墙改为草板保温复合墙体。在严寒地区,以户为单位的独立采暖的乡村住宅以采用内保温墙体构造为最佳方案,但由于农户经常在内墙面上钉挂一些饰物及农具等,为保证墙体的耐久性与适用性,墙体内侧采用120红砖作为保护层。

屋顶:考虑到适用经济性、施工的可行性以及当地传统构造做法,屋顶采用坡屋顶构造,保温材料使用草板与稻壳复合保温层。

地面:地面的热工质量对人体健康的影响较大,但通常被人们忽视。据测量,人脚接触地面后失去的热量约为其他部位失热量总和的6倍。因此,为改善舒适度,增强地面保温,在地层增加了苯板保温层。

窗:为改善传统木窗冷风渗透大的状况,南向窗采用密封较好的单框三玻塑钢窗,北向为单框双玻塑钢窗附加可拆卸单框单玻木窗,只在冬季安装。同时,加设厚窗帘以减少夜间通过窗的散热。

合理切断热桥:显然,复合墙体如果不加处理,将在墙体门窗过梁处及外墙与屋顶交界处、外墙与地面交界处存在热桥。我们采用聚苯板切断了可能存在的全部热桥。为保证结构的整体性与稳定性,在内外两层砌体之间每隔0.5米处及两个窗过梁之间设Φ6拉接筋。

⑤高效舒适的供热系统

火炕是北方乡村民居中普遍使用的采暖设施。它是利用做饭的余热加热炕面,从而使室温升高。"一把火"既解决了做饭热源又解决了取暖热源,热效率高,节省能源。经测试,虽然室外达到零下30℃的气温,炕面仍可以保持30℃以上的温度,并在其周围形成一个舒适的微气候空间,长期实践证明火炕对于人体是非常有益的，因此我们保留了北方民居中的传统采暖方式——炕。

（3）改善室内气环境技术

北方乡村住宅冬季门窗紧闭，多数农民冬闲在家有吸烟的嗜好，室内空气质量受到严重影响；同时做饭期间，室内炊烟难以排出，甚至出现倒烟现象，造成室内空气质量在短时间内迅速恶化。通过调查，71.4%的居民家中厨房内没有排烟设施，做饭时往往通过敞开外门排烟，这种情况在冬季使室内热量大量外溢，室温急剧下降，对室内热环境造成了不良影响。

为改变这一状况，我们设计了室内自然换气系统（图10）。该系统主要为室内补充新鲜空气，其关键技术是：a.自然对流；b.根据需求调节流量；c.避免空气过冷，影响室内热环境。

由于门斗是室内外的过渡空间，在冬季，它具有新鲜空气充足但温度明显高于室外的特性，因此为避免过冷空气进入室内，我们将取气口设在门斗，通过埋入地层的三条管线进入厨房与卧室，为室内补充必需的氧气。其中，进入卧室的两条管线采取贴近炉灶的办法以使冷空气预热再输送给卧室，在进气口均设有可调节的阀门以控制风量。

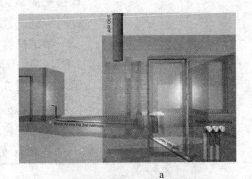

a

b

图10　室内换气技术设计

4.有效性分析

（1）测试分析

生态屋于2003年底竣工，于2004年2月15日~4月30

日接受测试,为便于分析比较,对当地一典型的传统民居进行同步测试,以验证生态屋生态技术的有效性。

测试仪器由法国提供,中方提供秤。中法专家于2004年2月14~16日现场安装,2004年4月30日由中方专家收回。记录器安置在每户住宅的各房间中,每日能耗(稻草,煤)数值由居民记录在由法方提供的记录表中,由中国专家收集。以下测试分析只集中于2004年3月的28天,见表1。

表1 能耗分析

	建筑面积	平均温度	使用能源		总能耗	单位能耗	单位度日数能耗费用
			稻草	煤			
	m²	°C	kg	kg	kWh	Wh/°C·d·m²	Yuan/°C·d
生态屋	124	8.5	156.2	10.5	604.3	15	0.0097
传统民居	79	15.1	489	266	3174.5	78	0.155

测试结果显示:

①生态屋达到了很高的节能水平,与传统民居相比节能达80.8%,如果稻草充足,供暖能源可达到自给自足,不需要任何费用。

②与传统住宅相比,生态屋的平均温度保持较低水平,主要因为生态屋竣工已接近年底,农户并未全部搬入其中居住,只使用了主要卧室,因此平均室温不高;围护结构较好的绝热性能导致其冷辐射对人造成的影响很小,使农民对火炕的热辐射更加敏感,从而降低了对室温的要求。

(2)使用反馈

①使用舒适性评价

住宅设计突破传统民居的束缚,符合现代农民的生活特点与要求,尤其是阳光间的设置深受农民欢迎;门斗的设置避免了困扰寒冷地区乡村农民已久的"摔门"现象,减少了冷风渗透;通风技术简单适用,使生态屋在门窗紧闭的冬季也仍保持室内空气新鲜。经测试,室内夜间CO_2含量比传统住宅减少一半以上,有效地改善了室内的空气质量。同时做饭时炉灶不再出现倒烟现象;外围护结构处于干燥状态,无结露、结冰霜现象。

总之,被当地农民概括为"温暖、明亮、舒适"的生态屋从使用上、生理上以及视觉上都较传统住宅有明显改善,居住舒适度大大提高,尤其是冬季室内热环境得到了很大的改善,这对于冬闲在家的北方乡村居民来说非常重要。

②可操作性评价

建筑材料就地取材,技术上简单易行,施工方法易被当地农民接受,符合我国北方严寒地区农村建房施工水平相对落后的实际情况。

③社会价值评价

有利于严寒地区乡村人居生态环境与建筑的可持续发展。改进后的住宅设计不仅提高了居住舒适度,减少了能源的使用,而且相应减少了 CO_2 排放及其对环境的负面影响。同时由于所选用的保温材料是农作物废弃物,是取之不尽、用之不竭的可再生绿色材料,既减少了加工运输保温材料所带来的能耗和污染,也减少了每年春季烧稻草所带来的大气污染。

生态屋从功能使用到立面形象均受到当地农户的一致好评,所采用的技术适合于北方严寒地区乡村的恶劣条件。目前已经过两个冬天的使用,使用效果很好,并已经在当地迅速推广。村镇居民的居住水平提高了,必将带动其他领域的健康快速发展,保证社会的安定和团结。

作者:金虹

设计单位:哈尔滨工业大学建筑学院绿色设计与技术研究所

项目资助:法国全球环境基金会资助

项目负责人:金虹,AlainEnard,RobertCelaire

五 宁夏自治区平罗县陶乐镇 应用生态技术建农宅

新农宅设计充分利用位于黄河大桥周边的地理优势以及太阳能资源丰富的气候条件,综合比较当地传统农居,加入各种节能生态理念,提出了生态农居的设计思路和构想,力求在最大限度地减少工程造价的前提下,更好地改善农民居住条件与生活质量。

1.现状概况

项目基地位于银川市平罗县。银川市地处北半球中纬度地带,位于东经105°51′,北纬38°25′,属中温带大陆性气候,毗邻黄河,西屏贺兰山,干燥少雨,日照充足,年平均日照2800~3000小时,四季变化比较明显,具有春迟秋早,昼夜温差大,夏热无酷暑,冬季无奇冷的特点。该地区太阳能资源丰富,适宜开展太阳能技术的应用。又加之该地区经济比较落后,为了帮助当地村民建设既经济又温暖的新农居,项目组经调查了解后选择在这里建设服务于农民的生态农宅(图1,图2)。

图1 陶乐镇生态新农宅建筑方案透视图

图2　生态农宅实景

2.生态技术的应用

平罗县陶乐镇生态新农宅应用的生态技术共10项,分述如下。

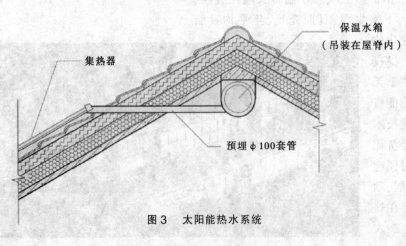

保温水箱
（吊装在屋脊内）

集热器

预埋φ100套管

图3　太阳能热水系统

(1)太阳能热水系统

太阳能热水系统为卫生间和厨房提供生活热水,热水器的水箱吊装在屋脊下,集热器安装在水箱高度以下的屋面上,形成一种非承压的分体式热水器,既保证了立面的美观,又保证了热水系统的安装使用要求（图3）。

（2）太阳能空气集热器

①本农宅应用太阳能空气集热器,其吸热部件为涂黑的彩钢板,外覆3毫米玻璃,防止热量散失。

②集热器上、下风口及排风口均设有套丝盖帽。

③吸热板根据现场情况使用螺栓或连接件与墙体连接,保证足够的强度。

④施工时,在安装玻璃盖板前注意将集热器内部清理干净,玻璃盖板内表面也应擦干净;玻璃盖板安装后对其接缝进行密封,防止漏风量过大;投入使用后,定期清理玻璃表面,以保证足够的透射率。

⑤图4、图5为农房外墙集热器构造图,其做法用于全部外墙集热器。

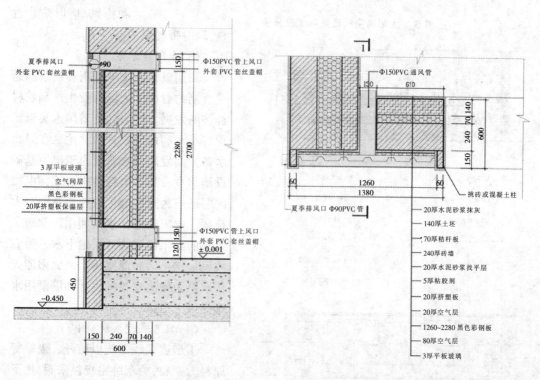

图4 太阳集热外墙构造

图5 墙排风口构造

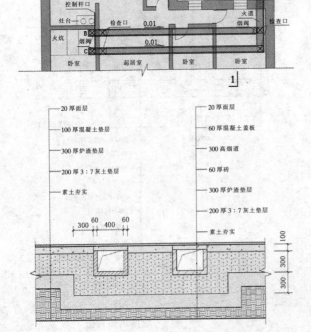

冬季工况　　　　　　　夏季工况

夏季排风口
外套 PVC 套丝盖帽

Φ150PVC 管上风口
外套 PVC 套丝盖帽

夏季排风口
外套 PVC 套丝盖帽

Φ150PVC 管上风口
外套 PVC 套丝盖帽

3厚平板玻璃
空气间层
黑色彩钢板
20厚挤塑板保温层

3厚平板玻璃
空气间层
黑色彩钢板
20厚挤塑板保温层

Φ150PVC 管上风口
外套 PVC 套丝盖帽
±0.000

Φ150PVC 管上风口
外套 PVC 套丝盖帽
±0.000

2280　2700

2280　2700

-0.450

-0.450

150　240　70 140
600

150　240　70 140
600

图6　太阳能空气集热器工况分析

厨房　　　餐厅　　卫生间　　　　炉门
　　　　　　　　　　　　　　　　灶门
控制杆
灶台　　　检查口　0.01　　火道烟阀
　　　　　B　　　　　　　　检查口
火炕　　烟阀　　　0.01
　　　　C
卧室　　起居室　　卧室　　　卧室

20厚面层
100厚混凝土垫层
300厚炉渣垫层
200厚3:7灰土垫层
素土夯实

20厚面层
60厚混凝土盖板
300高烟道
60厚砖
300厚炉渣垫层
200厚3:7灰土垫层
素土夯实

300　60 400 60

100　300　300

图7　烟道采暖系统(上)及烟道剖面大样(下)

太阳能空气集热器工况分析如下(图6):

冬季:排风口始终处于关闭状态;白天日出后,开启上、下风口,使空气循环加热,为室内提供热量;日落后关闭上、下风口,防止热量损失。

夏季:关闭室内上风口,开启下风口和排风口,以防止过热,同时带动室内空气流动。

(3)太阳能水泵

长期以来,干旱少雨和缺水问题一直制约着西北地区农业生产和农村经济的发展。近年来,随着雨水集流工程等小水利的建设,西北地区在寻找水源方面发展很快,但由于电力基础设施建设滞后和电费负担过重,电力问题已成为这些地区农业灌溉的一大难题,太阳能光伏水泵利用西北地区丰富的太阳能资源开采地下水,为农牧民提供生活和灌溉用水。太阳能光伏水泵为解决农牧民生活和灌溉用水难提供了出路。

(4)烟道采暖系统(图7)

①烟道采暖系统以秸秆、麦糠等原料为燃料,为东卧室提供采暖,地下烟道与西卧室火炕相连,一方面为烟

38

气流动提供动力,另一方面也为起居室和小卧室提供采暖。

②东西向烟道设1%坡度,坡向东,以便于烟气流向火炕。烟道在火炕底部与火炕相连:设三个烟阀,调节两烟道的流量平衡,阀门控制把手通过连杆伸至厨房和户外。

③烟道上易积灰处设有若干个检查口,可通过检查口疏通烟道排除积灰,检查完毕后将检查口密封,防止漏烟造成中毒。

(5)太阳灶

太阳灶通过抛物镜面聚光实现高温,在晴朗天气下,其焦点温度可达800度以上,输出功率达到1000瓦以上,可用来烧水、做饭、烧烤等。每年可节约柴草15吨,特别适于农村和小型单位使用,对缓解能源紧缺、节约燃料开支、保护环境以及改善农村卫生环境有很大意义,是一种理想的辅助炊事工具。

(6)附加阳光间(图8)

冬季工况:在白天打开百叶,阳光不受阔叶树枝叶的遮挡,直接照射或反射到室内。南侧蓄热外墙吸收热,成为太阳

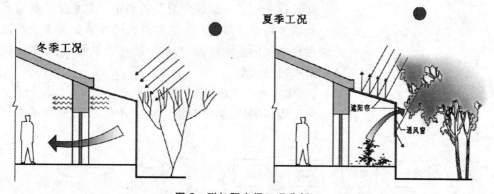

图8 附加阳光间工况分析

能的蓄热体。在夜晚关闭百叶,拉下遮阳帘,减少室内外热量交换。南侧外墙释放白天储藏的热量,维持室内温度。

夏季工况:在白天用南向的阔叶树、关闭的百叶以及拉下的遮阳帘来遮挡太阳直射,阻挡外部热量进入室内。在夜

晚则采用开窗通风的方法降低室内温度。

(7)卵石床(图 9)

卵石床具有良好的蓄热、散热功能,白天天气晴朗的情况下,吸收大量的阳光辐射热,并通过风扇送至室内。加热室内多余的热量存储在地下卵石床和土坯蓄热墙中;夜晚放下保温帘并关闭百叶,地下卵石床和土坯墙体存储的热量开始释放,以保持室内温度不致过低。

40

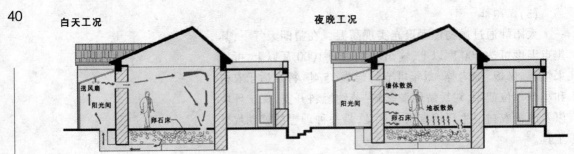

图 9　地下卵石床和土坯蓄热墙工况示意图

(8)雨水收集系统

此工程采用了一套较为简易的雨水收集系统,利用庭院地面坡度将整个庭院乃至庭院外的雨水收集起来,经过滤储存在地下的蓄水容器中,供冲厕和灌溉使用,尽量不使一滴雨水白白流走。

(9)沼气与太阳能猪舍(图 10)

此工程将厕所、猪舍与沼气池结合在一起,实现了粪便

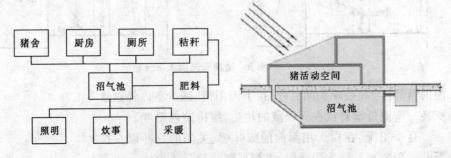

图 10　沼气与太阳能猪舍技术示意图

的无害化处理,减量化排放。使用沼气,可以解决80%以上的生活燃料,每户每年可节柴2000公斤,相当于封育3.5亩薪炭林。沼液用做饲料添加剂,节约猪的饲养成本,缩短饲养周期;沼液、沼渣是优质的有机肥料,明显提高农产品质量,保证了食品安全。

太阳能猪舍可以有效解决高寒地区冬季生猪生长缓慢、死亡率高、出栏率低的状况,其投资少、效果好,可为农民广泛接受。

(10)节能外围护结构(图11,图12)

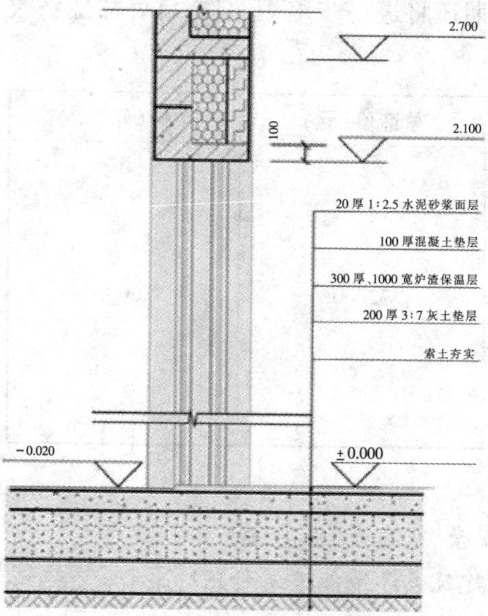

41

图 11　门口与地面构造

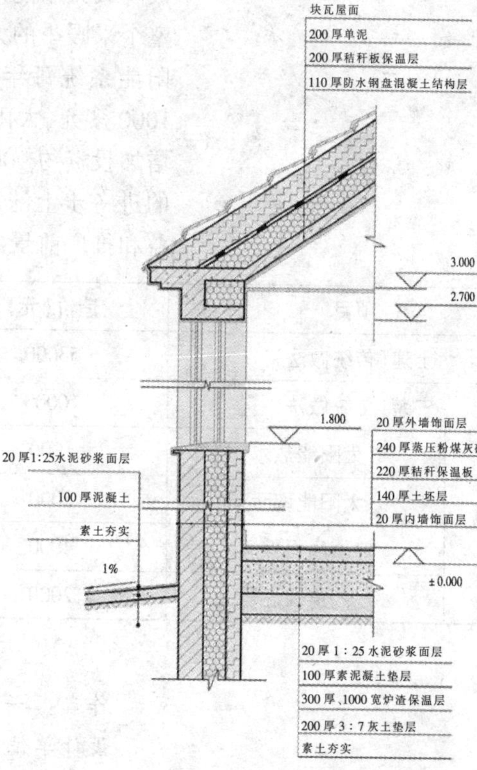

图 12　屋面、墙身与地面构造

所有外墙均为夹心保温墙,构造组成由外到内为240mm粉煤灰砖墙+220mm厚秸秆保温板+140mm厚土坯砖墙,计算传热系数为043W/㎡K,为普通240砖墙的1/8,保温性能较好。

屋面采用当地习惯做法,即普通木屋架、木檩条、秸秆板上铺草泥挂瓦,并对其改进,整个屋面结构计算传热系数为0.3W/㎡K。

3.经济技术指标分析(见下表)

本工程综合使用了太阳灶、外墙夹心保温、双层外门窗、被动式太阳能采暖等多种技术,围护结构节能率超过65%,整个采暖季的太阳能综合保证率为80%。其中围护结构和太阳能系统每年节约采暖用能折合标准煤4吨,合人民币1000多元,太阳灶每年也可节约柴草15吨左右。整个系统增加投资约9000元,6年左右即可收回成本,随着能源价格的进一步上涨,回收期还将进一步缩短,具有良好的经济效益和推广前景。

项目		造价(元)	总造价(元)	单价(元/m²)
土建(传统做法)		53000	72000	600
安装(传统做法)		10000		
生态技术	太阳能热水	1000		
	太阳能取暖	2000		
	墙体屋面保温	4000		
	门窗保温	2000		

作者:薛一冰,王崇杰,孟光,荆惠霖

设计单位:山东建筑大学节能建筑研究所

项目负责人:薛一冰

主要设计人:孟光,荆惠霖,管振忠

浙江省安吉县村民自建生态农宅实践

43

本文通过对生态农宅的调查分析，深入探讨了将传统建筑材料、建造工艺与现代化节能技术理念进行优化整合的可行性，使之适应今天的生活需要，为夏热冬冷地区建造节能省地型农宅提供了具有参考价值的可行性思路。

1.现状概况

在近几年全国掀起的新农村建设的浪潮中，如何在农村建造节能省地型住宅，并为居民营造舒适的室内热环境，是一项巨大的挑战。在这个大背景下，浙江省安吉县开发区剑山村下属的天打桥自然村村民——任卫中自费建造了一幢生态试验农宅。该农宅于 2005 年 6 月动工，经过 7 个月的努力，2006 年 1 月主体工程正式建成。生态屋建在一个荒草丛生的小山包上，地势较高，西侧临河，东向与大剑山遥相呼应。房屋朝向为正南稍偏东，房前屋后遍植毛竹(图1,图2)。

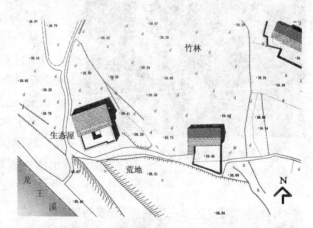

图1　生态屋地理位置示意图

图2　生态屋外观

2.生态屋建设技术

(1)建造方式

出于对绿色生态的考虑,生态农宅采用的主要建筑材料为竹、木、泥土、石灰和石块。具体建造方式如下:

地基:建房位置地表为砾石层,避免不均匀沉降。墙基就地取材,铺砾石、鹅卵石,四周用φ10钢筋做地圈梁,然后水泥砂浆抹平。墙脚用鹅卵石干砌以防洪水浸泡和雨水冲刷。

结构:穿斗式木框架结构。外墙为330毫米夯土墙,杉木柱梁,内墙及二层南墙为240毫米砖墙。当地土质以砂土为主,加入部分黄泥、石灰以增加土墙黏结力,然后以板筑方式营造。

屋顶:双层木板,中间280毫米空气防潮层,为了便于进行室内热舒适对比,东侧卧室屋顶部分填入茅草,增强其隔热保温性能。同时,为了降低屋顶的重量,选用具有轻便、防水性能良好的油毡瓦,从而减轻了木结构的负荷。同时也解决了当地农宅常面临的屋顶漏水问题(图3)。南向一层房间的屋顶采用混凝土刚性蓄水屋面,雨季可收集雨水用于冲厕,平时作为户外平台,丰收时还可作为粮食作物的晒场。

图3 屋顶油毡瓦现状

门窗:出于保温及夯土墙结构性能的考虑,除南向之外其余方向均开竖长形条窗,尺寸为1.5米×0.6米。二层南向砖墙开大窗,安装双层玻璃窗。遮阳方式灵活多变(图4)。

图4 灵活多变的窗口遮阳形式

44

（2）功能布局

生态农宅建筑面积为220平方米，平面方正紧凑，占地少而有效使用面积大，为封闭的内向空间。虽方正而不呆板，紧凑而不局促。分为南北两大部分，功能分区明确(图5)。

南向：入口设天井内院，厨房与卫浴空间分布在东西两厢，遵循了传统的习惯，东厢入厨西厢厕。卫生间内西南角设计了一个蓄水池（设计容量为2吨），可以收集屋顶平台积蓄的雨水直接用于冲厕。内院中央为一方形水池，池中央有一口水井，水池上方设一座木板桥引导入口，桥中间有活动折板正好盖住水井口。家庭的日常用水可以直接从水井中提取，随用随取，十分方便(图6)。

北向：主体建筑为两层，一层为开敞的堂屋，并用一个宽度为一跨的半通透竹帘屏风略加分隔，既增加了空间的趣味性，又有利于夏季室内形成穿堂风；二层包括两间卧室和家庭活动室（可

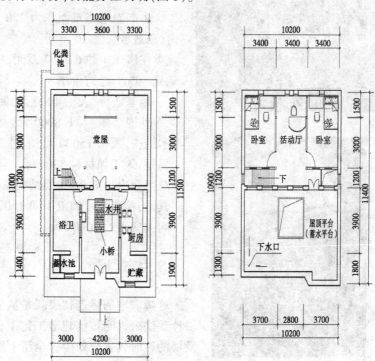

图5　生态屋各层平面图

图6　天井内院

45

堂屋

二层玻璃走廊

兼做主人书房),南向有一东西向通长玻璃顶走廊,并且局部天井上下贯通,以利一层的采光和房间的室内通风,一、二层之间用直跑木楼梯相连(图7)。

(3)建筑造价

生态农宅建筑面积为 220 平方米,包括后期装修在内,总造价仅为 10 万元。经户主估算江南地区农民自建此类住房成本约 6 万~7 万元,单位面积造价比砖混结构降低 30%。总造价中:

地基造价:人工 4000 元,回收材料砾石 500 元;

外围墙体:人工 8000 元,材料 2000 元;

木结构:人工 15000 元,木料 25000 元;

屋顶:人工加材料 5300 元;

东西厢房加天井:砖混结构总造价 15000 元;

其他:简单装修加卫生间 15000 元;

间接费用约 10000 元。

3.生态理念

这幢农宅的建造初衷就是从生态的角度出发,将现代设计手法融入到传统建造工艺中,令传统住宅建筑在经济发展的新时代重获新生,全屋上下无时无刻不在渗透着生态节能的理念。联合国环境规划署亚太地区办事处总代表史任达实地考察后,竖起了大拇指说:"这幢民居结合古代传统的建造方法与现代元素,充分考虑到人与环境的友好相处和可持续发展的因素,其建造理念和建筑模式可在全球大力推广。"

(1)节约土地

房屋选址在一片砾石地,不占用耕地。平面设计紧凑合理,一改随意圈地围院的常用做法,将院落由室外移至室内,并与房间有机结合。附近农宅的院落里常有一大片水泥地用做稻谷的晒场,使用率很低,十分浪费土地面积。该区域的土地因被厚厚的水泥层覆盖而无法呼吸,影响了地表

室内楼梯

图7 主体建筑

46

的生态环境。同时,夏季地面所受到的辐射热约两倍于东西墙面所受到的辐射热,从室外地面反射到外墙和窗户上的热量是非常大的。生态农宅将晒场由楼下移至楼上,结合宽敞的屋顶平台而做,巧妙地节约了土地。

(2)夯土技术

生态农宅的外围护墙体全部采用三合土夯实而成,即将黄土、白灰、砂子加水拌和夯筑,以增强其坚硬程度,厚330毫米。夯土技术自古有之,因为其低廉的成本,简单的工艺,以及高效的室内温控,在历史上曾被广泛使用。后来由于新的、大量的生产材料的出现而被数代人遗忘。现在再次提起,看似转了一圈又退回到原点,实则是一个螺旋上升的过程(图8)。夯土墙本身还具有独特的湿度智能调节功能,有研究表明,其平衡湿容量远远大于实心砖和空心砖,高出一个数量级,说明夯土的储湿能力大大优于砖。当室内湿度较大时,夯土墙可吸附一定量的水蒸气,降低室内湿度;

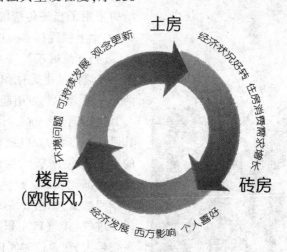

图8　农宅发展示意图

反之,室内较干燥时,又释放一部分水蒸气,提高室内湿度,从而使之维持在一个较为稳定的水平。同时,稳定性良好,这种方式做成的墙体十分结实,有的土房住了20多年,生土夯成的墙还是刚夯成的样子。而且夯土墙并不改变土的性质,百年之后,尘归尘土归土,不会像现代砖石或混凝土房屋那样产生大量的建筑垃圾,完全是一种生态的循环。用生土做成的墙,年数多了以后,就是一种很好的肥料,当地人叫"老墙土"。勤劳的人家,过一些年,就把屋里的老墙换一遍,把换下来的墙送到田里去,这也是积肥的一种方式。

(3)木结构

自古以来,中国传统建筑一直以木框架结构为主,因为木框架的节点多用榫卯方式连接,属柔性结构,具有出色的

图9　木框架结构

图10　玻璃走廊尽端

抗震性能,而且取材方便,易于加工,所以在历朝历代得到广泛应用。现今,全球掀起的绿色建筑运动,评估建筑活动对地球环境的影响因素时,首先考虑 CO_2 排放量,并将排放的其他温室气体的影响折算为 CO_2 的等价量,由此对于建筑物全生命周期进行评估。木材在生长期内不断地与阳光发生光合作用,吸收 CO_2 释放 O_2,等于将 CO_2 保留在体内,起到固碳的作用,是一种环保生态的建筑材料。生态农宅的内部支撑结构采用了当地传统的穿斗式框架系统,木柱下方做石柱础,木梁上放置杉木楼板,继承和发扬了传统工艺(图9)。

(4)自然通风

气流穿过建筑的原因是其两边存在的压力差,压力差源于两个方面:温度梯度引起的热压和外部风的作用引起的风压。

热压通风(Stack-ventilation),通常称之为"烟囱效应",其原理为:因为空气密度与空气的绝对温度成反比,热空气的密度较冷空气小,因此逐渐上升,室外冷空气(密度大)从建筑底部被吸入。显然,室内空间越高敞,空气温差越大,热压作用越强,烟囱效应的拔风效果越明显。在室内外温差相同和进气、排气口面积相同的情况下,如果上下开口之间的高差越大,在单位时间内交换的空气量也就越多。许多建筑中设有天井或中庭空间,就是为了能够利用热压原理来加强室内自然通风。生态农宅为了节约建材并没有建成像当地流行的"高大空"的房间,相反自身层高并不高,一层层高为2.8米,但在二层走廊端头处留一小天井,使得上下空间连通,同样形成了高敞空间的效果,结合天井水院,大大加强了室内通风(图10~图12)。

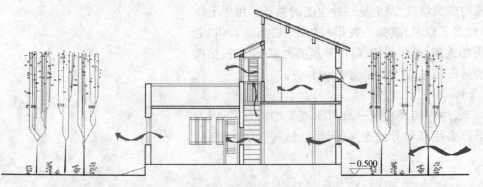

图11　利用走廊端头天井通风示意图

同时利用风压原理,室内最大气流速度是随着出风口与进风口尺寸的比值而增加的,室内最大气流速度通常接近进风口。进风口与出风口面积大小不等,将会加强通风口附近的风速,进一步增强室内的自然通风(图13)。生态屋南北两侧墙上开窗的方式不同,南墙为砖墙,因此开大面积的门窗洞,北墙为夯土墙,不宜开大窗,因此窗洞口为 1.5 米×0.6 米的竖长形条窗。一层南向洞口面积 4.26 平方米,北向为 2.69 平方米,是南向的 63.1%;二层活动厅南向洞口面积 5.2 平方米,北向为 0.78 平方米,是南向的 15%。也可通过改变南向窗扇的开启数目,调节进、出风口的面积比例。

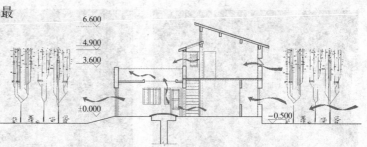

图 12　利用天井水院通风示意图

49

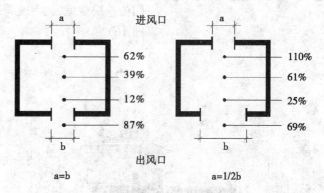

图 13　风口面积比例对于室内风速的影响

(5)天然采光

房屋的建造"负阴抱阳"以取得充沛的日照,生态农宅前低后高以防止阻挡阳光。冬天的日照既可以使建筑内部空气温暖,也可以杀死有害细菌,从而提高居住质量。二层南向侧墙几乎全为玻璃覆盖,晶莹剔透,窗洞开口很大,加上高窗,玻璃走廊顶,室内光线充足,冬季可作为阳光间(图14)。夏季,玻璃顶将被遮蔽起来,以阻挡顶部阳光进入室

图 14　二层活动厅南向玻璃窗

图 15　生态农宅室内采光示意图

内。同时,因为夏季太阳高度角较高,向外出挑的屋檐将起到窗口遮阳的作用。走廊尽端的小天井,连通上下空间,将光线引入相对封闭的一层堂屋,大大改善了房间进深中部的采光问题(图 15,图 16)。

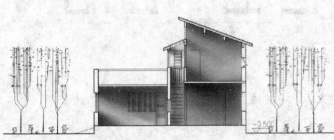

图 16　生态农宅室内采光示意图

(6)屋顶构造

生态屋设计了通风屋顶和隔热保温两种屋顶。

通风屋顶的原理是在屋顶设置通风夹层,一方面利用通风层的外层遮挡阳光,使屋顶变成两次传热,避免太阳辐射热直接作用在围护结构上;另一方面,利用屋顶吸收太阳辐射加热空气形成热压通风降温,以及夏季主导风向的风压,使自然通风带走夹层中吸收的太阳辐射热,从而减少室外热作用对内表面的影响。在双层木板中间,增加了 280 毫米的空气通风防潮层,而且面层在檐口处向外挑出一段,能起到兜风的作用,夏季有助于引入微风,提高间层通风效果。

隔热保温屋顶是指在间层中添加隔热材料,以增加屋顶的总热阻,从而使屋顶内表面温度及温度波动范围降低。二层东卧室屋顶部分在间层中填入 280 毫米厚的茅草层(这种茅草取自于宅前屋后,当地盛产,据介绍耐腐性较好),有利于提高房间抵抗外界气温变化的能力,减小温度波动振幅,避免忽高忽低。

(7)天井

传统住宅中常会布置大大小小的天井庭院,连接着入口大门、左右厨卫厢房和堂屋,是平面里最积极最活跃的构成因素。其作用是:

①加强了日照和通风,使封闭的空间找到采光、通风、排水等功能要求的出路。

②是一个起联系、导向作用的枢纽空间。它是由大门进入宅内的过渡;是通向建筑两侧厨卫的地带;是连接农宅南、北两区的接合部。

③天井延伸了堂屋的空间,使半开敞的堂屋扩大了活动范围和视觉感受。

④有助于调节室内的温、湿度,起到削峰填谷的作用,从而改善室内外热舒适环境。

生态农宅的天井小而方,作为大门入口与房间的过渡空间,进行了巧妙的设计。居中为一方形水院,中央有井,上覆木桥,兼做井盖。西侧种有一丛翠竹,自一层各房间均可以看到,赏心悦目的同时,还可调节天井内的微气候,形成一个天然"氧吧"(图17)。夏季白天用物遮挡,以避烈日,吸纳阴凉,夜间打开,热气尽散,通风顺畅;而冬季与之相反,白天开敞顶部,引入阳光,增加蓄热,夜间用薄膜覆盖,防止热量流失,以利保温。另外,冰凉的井水在夏季可以作为储藏食物的天然冷库。

图17 天井水院

4.室内热舒适度测量

笔者于2006年3月3~5日和3月24~27日,对任卫中

51

自建生态农宅进行了全天候室内热舒适度测量。测试设备采用 Agilent34970A 型建筑热工温度及热流巡回检测仪。通过测试可以看出：

一层堂屋：室内温度一直偏低，而且波动不大，十分稳定。正午时间，人身处其中，也觉得比较阴凉；

二层活动厅：因为大面积开窗，自太阳升起后室内温度迅速攀升，在中午 13:15 左右达到峰值，与相邻的东、西卧室气温相差明显，与一层堂屋室内气温差值更加显著，楼上楼下俨然两个季节。晚间 23:00 后，因大面积开窗且为单层玻璃，降温速度快，夜里 02:00 左右已超过一层堂屋成为全屋中最冷的区域；

东、西卧室：温度变化比较类似，但仍存在一定的差异。屋顶添加茅草层的东卧室室内热环境更为舒适；

图 18　用塑料薄膜密封天井

二层南向外墙主要采用砖混结构，其上开有大面积的采光窗。结果显示，墙体存在一定的热延迟现象，并具有一定的保温、隔热性能；

二层北向外墙采用三合土夯制而成，其上开小方窗。内、外表面温差显著，保温、隔热性良好，内表面温度变化幅度小。

同时，我们还对天井水院的调温效果和茅草屋顶的保温隔热性能进行了针对性测量。结果如下：

将天井封闭并注满水池后，夜间温度下降明显缓慢，整体温度一直较高，室内外温差十分明显，其"削峰填谷"的效果得到进一步证明(图18)。

屋顶添加茅草层后，保温隔热性能均有所提升，温度变化幅度减弱。

作者：李涛

单位：中国恩菲工程公司

设计人员：任卫中

七 云南省永仁县更新地域技术建造生土民居

本设计以考虑空间、环境与技术为设计理念,以多学科、多专业整合的"整体生态空间"设计策略为基础,从自然环境条件、民居建筑特色、民风习俗传承等的认识与研究出发,综合了建筑、结构、材料、建筑物理环境及绿色技术等多项专业技术对民居进行多层面研究,在完整保留当地传统民居特色的同时,挖掘了彝族土围护墙建筑冬暖夏凉的生态特性,调整了民居在不同气候带搬迁过程中所产生的原有建筑形态的适应性,提升了村民的现实生活质量,引导当地民居与环境向着绿色建筑的可持续发展方向进化。同时,创造和设计了适合于生态建筑发展的新型居住形式,改造和建成了绿色生土民居示范房,为易地搬迁民居建筑与环境的可持续发展提供了理论研究与设计模式。

1.现状概况

为了保护长江源头的自然生态环境,云南省在金沙江流域的永仁县猛虎乡实施山区原住居民的易地扶贫搬迁工程。这是一项具有深远战略意义的工作,既可还山林河川于自然,保护长江上游的生态环境,又为这一贫困地区的原住居民提供了易地扶贫、加快经济发展、提高生活质量的条件。

由于搬迁居民地处贫困山区,这里群山逶迤,山高谷深,加之政府财力及自身经济条件均十分有限，搬迁居民又多为彝族，因此大部分人家基本上无力建造砖房，依然建造的是传统的土瓦房(图1)。

54

图1　搬迁地之一的猛虎乡箐头迤扒乍村

2.建筑技术实践

为了在云南省永仁县易地扶贫搬迁项目中创建长江上游绿色乡村生土民居示范工程，我们进行了传统民居生态建筑经验的理论研究，以指导示范工程的建设与技术实践。传统民居的生态建筑经验包括适应地域气候、建筑能源的高效利用、健康的室内外环境、耕地的节约和废地的利用，以及污染物的超低排放等方面。这些优秀特质隐含于传统民居聚落选址及格局的演变，院落的平面布局，室内外空间的组织，构造体系的选择，材料的合理使用以及巧妙的施工程式和工法等民居建筑发展演变的全过程(图2)。

图2　生土民居研究与实践技术路线示意图

依据人居环境可持续发展理论，综合运用建筑学、建筑技术科学和社会学的研究方法，设计完成了长江上游绿色乡村生土民居的系统理论研究工作，并以此确定示范工程建设技术路线及指导工程建设实践。主要的研究工作如下：

传统民居建筑空间解析研究；

传统民居生态建筑经验空间模式语言研究；

地域气候与民居建筑设计策略研究；

生土建筑室内热湿环境研究；

生土材料力学性能与生土围护墙抗震试验研究；

西部乡村生土民居再生研究。

通过多学科、多专业、多层面的实验技术，为普通的乡土民居确立实用的地域适用技术系统，从太阳能的被动应用、自然通风系统、生土围护墙的湿呼吸作用、传统生土材料的改良完善试验，传统生土结构体系的抗震试验等到传统生土建筑的空间缺陷、民族文化传承，均进行了有机的整合，使之达到传统生土民居的绿色再生。

采用先进的理论研究与计算方法，对新传统民居方案在建造之前进行了室内热、声、光环境的模拟，确保绿色新民居建成后的健康环境效益以及节能、节地、节水、节材的综合社会经济效益，对国内当前的新农村建设起到领先的示范作用（图4）。

55

图3 传统彝族生土民居独具特色

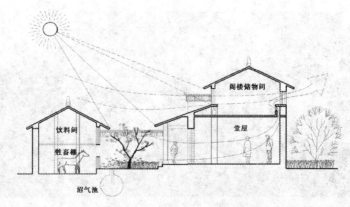

图4 生土建筑室内热湿环境研究

图5 彝族绿色生土民居示范房方案构想

依据理论研究成果,针对长江上游地区社会、经济、技术和自然条件,通过对节能环保型生态建筑技术的优化和集成,设计者完成了长江上游新型生土围护结构民居基本模式的设计创作研究(图5),并通过技术实践,建成了长江上游绿色乡村生土民居示范房(图6)。

3.地域适宜技术的推广应用

我们相信,长江上游绿色乡村生土民居示范工程的建设至少在以下几方面探索了地域适宜技术的理论与实践,具有在新农村建设中推广实践的现实意义。

(1)农村中广大民居的热环境改善与节能是一个巨大的耗能数字

示范工程正是基于此,为乡村民居设计创造了充分利用太阳能、风能与沼气能的绿色建筑(图7),并减少山林砍伐,保护长江上游植被与水土流失,创造长久综合的社会经济效益。

(2)农村中广大民居的用水、排水的改善与节水是一个巨大的环境问题

示范工程创造的民居独立污水自净系统,庭院复合生态系统均为维护长江上游水资源的持续发展提供了

图6 绿色生土民居示范房

可行的建设模式与综合的环境效益(图8)。

(3)农村中广大民居的围护墙体材料对未来环境建设具有潜在影响

示范工程以生土围护结构作为主要建筑材料,在减少贫困乡民建房经济造价,满足建筑热环境需求的同时,减少了常规建筑材料(混凝土)的二氧化碳排放,亦减少了常规建筑材料(如:混凝土,黏土砖)的使用。

图7　被动式太阳能利用示意图

4.绿色生态建设的示范意义

我国西部地区少数民族众多,各地气候条件、地理环境、自然资源、城乡与经济发展、生活水平与社会习俗、传统聚落和民居建筑形式与风格等都有着巨大的差异,但民居的共性是都能巧妙地运用地方材料,通过合理的建筑形式、空间组合、平面

图8　简易污水自净示意图

与构造和简单的施工方式,不但传承了优秀的建筑艺术和文化,而且营造了于人体健康有利的居住环境。尽管如此,面对现代砖混结构体系的装配式施工、建材和构件的工业化生产、建筑物耐久性的大幅度提高和灵活随意的建筑形态和空间组织,虽然传统乡土建筑具备成本低廉、与社会形态和自然环境的和谐融洽等优势,但其固有的环境质量差、与现代生产生活方式难以适应等问题,已显得越来越明显,以致造成乡村高能耗、高污染、无地域特色的简易砖混房屋大量出现。本工程为解决此问题提供了一条途径,将有益于推动具有不同地域特色的乡村绿色建筑体系的发展和完

善,对于建设节约型社会具有重要的意义和价值。

5.结束语

普通传统民居主要集中在广大农村,这里容纳了我国总人口的75%以上,这些民居在经历了上千年的人工选择以后,形成了以独立庭院为主的生产生活居住模式,也构成了典型的农村庭院生态系统。这一系统不但从一开始就体现了"人——自然"适应与利用的和谐关系,同时也体现了它与社会发展的一致性,它依附于农业生态系统的特殊地位,以及与城市生态系统的对抗与互补关系,构成了其独特的复合生态系统特性;它独特的气候地域环境,鲜明的传统文化与民族特色又构成了含义丰富的文脉,可以说,它是一种最古老并一直延续发展至今的,受人类高度控制的社会——经济——自然复合系统。

进入 21 世纪以来,随着中国越来越多的城市家庭居住条件达到了小康水平,就连一些偏远农村作为众多百姓赖以栖身的传统民居与聚落也正面临着十分严重的危机,由于自发而离散的演进与更新方式的不当,具有良性能量物质循环的民居生态系统步步让位于依赖外界输入的被动平衡系统。这一切不仅仅是当地乡土民居生存质量的危机,也是乡土文化濒于消亡的危机,更是人类自身生存危机的一部分。

目前,我国提出了建设"生产发展,生活宽裕,乡风文明,村容整洁,管理民主"的社会主义新农村。然而,无论是从建筑创作出发还是从建筑实践出发,对传统民居而言,都只停留在"保护"与"挖掘"典型精品价值的阶段。建筑界理论研究(尤其是实践性理论)的滞后与现实中受现代文化科技冲击而加速演化变异的民居发展构成了一对突出的矛盾。如何解决这一矛盾,使普通民居在未来的社会发展中得到绿色的再生与更新,是历史赋予建筑工作者与建筑师的历史重任,也是我们创建长江上游绿色乡村生土民居示范工程的目的所在。

作者:周伟,刘加平
设计单位:昆明有色冶金设计研究院建筑分院
项目负责人:刘加平,周伟

八 云南省香格里拉闪片房设计思考

闪片房是典型的高寒坝区的传统藏式民居,它是结合地区气候、民族生活方式、宗教信仰和审美情趣,巧妙运用地方材料的智慧建筑,极具地方特色。在年平均气温仅 5.5℃的高寒气候下的香格里拉,土墙闪片房厚重的夯土外墙与开窗少而小的封闭围护结构,达到了保温抗寒的目的。"闪片"坡屋顶质轻、抗冻性能好,其上自然形成的纹路沟缝利于排雨除雪,在干旱季节又可以有效防止高原地区太阳的高强辐射。但是,随着生产的发展、生活需求的提高,该地区对资源和能源的损耗问题也越来越严重,大量建房、大批采伐,将对自然造成很大的影响,这是我们不可忽视的问题。为此,设计者在对该地进行调研后提出了建设新式闪片房的方案。

1.现状概况

云南省迪庆藏族自治州香格里拉县是一个以藏族为主的多民族聚居区,大部分地区属低纬度高山寒温性气候,日照丰富,干湿分明,长冬无夏,春秋季短,年温差大。该地气候特殊,不但多雪,也多雨。为了排水方便,该地区民居在平屋面上用马扎架设坡屋顶,两层屋顶之间无围护墙,既可以储存草料,也可作为空气层及保温层,以增强房屋的保温性能。香格里拉县特殊的气候条件及森林资源使得该地区建筑形式具有浓郁的藏族特色,也与其他藏区有着显著的差别,其主要特点便是"闪片",所谓"闪片",便是将木材削成宽约 10 厘米、长约 50 厘米的木片,并将其搁置在屋架上,由于屋面坡度较缓,该木片不用钉于屋架,而是用石块压在木块上,形成闪片房最主要的特点(图 1~图 3)。

图 1　闪片房鸟瞰

图 2　闪片房外观

在当地农村,由于生产、生活、精神的需要,人们习惯将一层作为牲畜棚、农具间,二层作为堂屋、厨房、粮仓、卧室等,三层作为经堂、卧室,并在其上部设置夹层,存放草料。

通常牲畜棚与人居空间从不同的入口进入,使人畜分离,以获得清洁舒适的人居空间,也有因用地或经济限制而人畜共用出入口的,随着生产发展的需要和人们生活水平的提高,许多家庭购置了汽车,并多将其停放在院内,而随着社会分工的细化、商品经济的发展,一些家庭将一层部分或全部改造为商铺,以适应发展的需要。

二层作为传统生活的中心,以堂屋为主,其中围绕中柱布置佛龛、吉祥八宝、水亭、火塘等,充分体现了当地藏民的中柱崇拜思想,也为人们围绕火塘、中柱跳"锅庄"设置必要的空间。堂屋旁设置粮仓,储存食物,随着生活水平的提高,许多家庭将食物加工从原来的火塘分离出来,在堂屋设置了独立的厨房。也有一些人家将经堂、卧室设于二层。

当地藏民多信仰藏传佛教,家中均设有经堂,经堂一般设于家中最高层(二或三层),经堂旁通常设置卧室,并设专为喇嘛准备的卫生间。

闪片房多采用木屋架结构形式,在木柱外分层用木模板,将黏土、稻草加水按一定比例搅拌均匀后,灌入其中夯实,形成整体的夯土墙,其最厚处达1米左右,并向上收分,

图3 闪片房内院与前廊

以确保墙体稳定。墙夯好拆模后,在其外表面用当地的白土浇面,保护并美化外墙。为了防止白土被雨水冲刷,"闪片房"屋面出檐较大。

闪片房是独特的,同时也不失藏族民居共有的特色——较大的墙面、较小的窗、纯粹的色彩、精美的彩绘等。

但是,随着生产的发展、生活需求的提高,其资源和能源的损耗问题也越来越严重,大量的伐木,将对自然造成很大的影响,为了新农村的更好建设,为了香格里拉的更加美丽,设计者在传统闪片房建设的基础上又提出了新的设计与思考。

2.思考与设计

在调查研究的基础上,笔者对香格里拉县新农村住屋作了一系列的设想及设计,希望能弥补传统闪片房在新农村建设中的不足。

(1)针对性与普适性

设计结合气候,结合生活。本设计主要针对云南省迪庆藏族自治州香格里拉高寒山区的农村而做,农村住宅是与当地人的生产、生活紧密联系的,它比城市住宅的地区性更强,与当地的气候、地理位置、可利用建筑材料等的关系更为密切。本设计在强调针对性的同时,也希望其中的一些思考能具有共性和普适性。

(2)地方农村特色

注重当地农村的民俗风情、生活模式及生产要求,将一层作为牲畜棚、农具间、洗衣房、客房,也可作为商铺、车库等;二层作为堂屋、厨房、卧室等;三层作为经堂、卧室、阳光室、草料存放等,保持传统堂屋格局,围绕中柱布置佛龛、吉祥八宝、水亭、火塘、会客区、餐饮区,从平面布局到建筑外观均充分体现地区特色和农村特色。

(3)统一中的变化

继承传统闪片房格局,采用 3.6 米模数的合理柱网,形成九宫格正方形平面原型,在原型的基础上,利用相同的结构空间,衍变不同功能、尺度的使用空间,加强适应性和灵活性,根据不同的情况,设计了一些变型方案,而部分建筑材料、构造做法也做了多种选择的菜单,供用户根据具体需求选择、组合。以适应不同人群的需求,为新农村建设提供通用、实用、可行性强的设计。

(4)适宜技术的运用

由于是藏区农村,技术的选用不应是高技术的,而应是充分理解传统技术智慧的、经济适用的地区适宜技术。

减小体形系数,以利于抗震和节能,并使工业化结构体系更为经济。采用已获专利的预制装配式钢筋混凝土框架结构体系,有完善的力学分析模型,增加了结构合理性与安全性,可提高建造速度,减少施工现场污染,并可重复利用。

新型建筑材料与传统材料的结合使用,既有利于森林资源保护,又提高了材料的能效。南向设低辐射中空玻璃,使太阳辐射能尽可能进入室内,又阻止室内辐射能泄向室外,从而在冬季保持室内温度,提高舒适度,降低采暖能耗;利用楼梯间促进热能的传递,并作为缓冲空间减少日光不充足时段室内热量的散失,堂屋设置可开启高侧窗,引导气流,增加室内温度的均匀性;北向在满足采光及通风要求的前提下尽量少开窗、外墙设置保温措施,减少热能散失。南向屋面设置与屋面整体组合的大面积太阳能集热板用以提供充足的生活热水,并为低温辐射地板提供热源。屋面有组织排水并收集储存,用于节水洁具及植物浇灌。生活污水经过滤沉淀,也可作为浇灌植物之用。

在总图规划中考虑设置带塑料大棚的沼气池,将人和牲畜的粪便收集发酵,供燃烧或照明。

作者:王丽红,冯晓波
单位:云南人文建筑设计研究所有限公司
作者:翟辉
单位:昆明理工大学建筑系教授

九 农村中小型生活污水处理技术及实例

　　小型生活污水分散处理技术包括小型沼气净化池和小型人工湿地技术两部分,能就地、分散、无害化处理生活污水,就地收集、就地处理、就地利用、就地排放,具有工程造价低、施工简便、管理方便、运行成本低等特点,适用于住户比较分散、使用人员少、处理要求较低的场所。生活污水经处理后可以达到国家一级综合排放标准。

　　该技术适用于实际使用人数 3~50 人。国内能采用化粪池的地域均能采用（除局部高寒地区）。城乡接合部位及农村、集镇、郊外小风景名胜区、工业园区、学校等住户分散、人员稀少而城市污水管网不完善的地方都可以套用该技术。

1.现状概况

　　近些年来,农村新建住宅生活污水处理一般采用传统的国家或地方标准砖砌或钢筋混凝土化粪池,将生活污水初步沉淀处理后排放。一些地方利用沼气池、沼气化粪池或其他 SBR 生化处理设备、地埋式 WSZ 生活污水处理设备、一体化生活污水处理装置等方法深化处理生活污水,取得一定的效果。沼气池、沼气化粪池对有机物和虫卵的降解起到一定作用, 处理效果还比较低。运用 SBR 生化处理设备、地埋式 WSZ 生活污水处理设备、一体化生活污水处理装置等方法处理生活污水,设备投入较大,使用风机进行曝气,应用化学制剂浓缩降解悬浮物,能耗大,运行成本很高,现阶段在农村普及困难,且使排放水质成分更加复杂。

自然的、低能耗的、建造和运行成本低廉的,就地、分散灵活应用的,并使水资源能够得到综合利用的生活污水处理工艺,渐渐成为国内外生活污水处理工艺发展的新趋势。

66

2.分散处理技术

(1)工艺流程

小型生活污水分散处理技术是将生活污水经过小型沼气净化池处理后进入小型人工湿地系统深化处理。小型沼气净化池包括沉淀池、厌氧发酵池和生物过滤池。沉淀池和厌氧发酵池称为前处理池,生物过滤池称后处理池。小型人工湿地又分潜流式湿地和水域湿地。附设湿地系统是为了提高处理效果。小型生活污水分散处理技术工艺流程如下:

生活污水、废水——沉淀池——厌氧发酵池(产生沼气可做清洁燃料使用)——水压间(沼液可用做农家肥)——生物过滤池 (二级)——小型人工湿地——排放到水域或接到污水管网收集到下游生活污水集中综合净化处理系统深化处理。

小型沼气净化池和小型人工湿地平面布置、剖面见图1,图2。

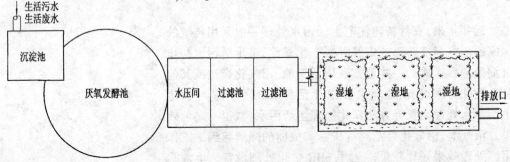

图1　小型沼气净化池和小型人工湿地平面布置示意图

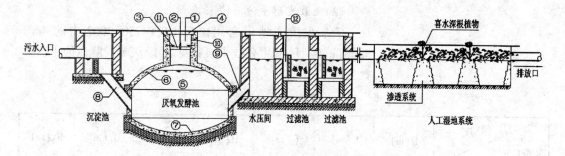

污水入口

③ ⑪ ② ① ④ ⑫ 喜水深根植物

⑩ ⑨ 排放口

⑥ ⑤

⑧ 厌氧发酵池

沉淀池 ⑦ 水压间 过滤池 过滤池 渗透系统 人工湿地系统

图 2　小型沼气净化池和小型人工湿地剖面示意图

(2)池容确定

小型沼气净化池池容按如下公式确定：

$$V=K \times N(m^3)$$

V：池容(m^3)；K：人均池容参数，长江以南地区取 0.2，长江以北地区取 0.3，参照年平均气温经验取值；N：实际使用人数(个)。

实际使用人数按如下要求确定：农村每户按 4 人计；城镇或居民人口按每户 3.5 人计；厂房、办公楼等按总人数 30%折算，宿舍按总人数 70%折算；宾馆按床位数 30%折算，另加服务、后勤人员；使用功能不明确的房间，按建筑面积 1 人/15~20 平方米计算。设计水压间每日每立方米料液产气 0.15~0.2 立方米。

小型人工湿地一般按人均 2m³ 设置，可以利用现有池塘或水田。水域深度取 1 米左右，当然容积越大、深度越深，处理效果越好，但必须考虑人身安全。目前，采用分段溢流或渗透方法建造人工湿地，也可以利用现有水塘原生态系统为天然湿地。当经过小型沼气净化池处理后的排放水进入人工或天然湿地后，经过一段时间消化、吸收、分解，达到动态平衡，不会发生恶臭，并实现一级综合排放水质标准，也就达到处理目的。

人工湿地，通过水底、水中和水面放养、种植水生动、植物，吸收、消化营养物质，从而达到净化处理的目的，处理效果明显，并达到长效治理的效果。

(3)厌氧发酵主池参考标准

厌氧发酵主池可套用国标 GB/T4750-2002 中的 $4m^3$、$6m^3$、$8m^3$ 池型。其主要技术参数见表 1。厌氧发酵池的主要参数见表 1。

表1 厌氧发酵池主要参数

容积（m^3）＼几何尺寸	D（m）	f_1（m）	f_2（m）	H（m）	$H_总$（m）	R_1（m）	R_2（m）
4	2.1	0.42	0.24	1.0	1.66	1.72	2.2
6	2.4	0.48	0.27	1.0	1.75	1.81	2.4
8	2.7	0.54	0.30	1.0	1.84	1.90	2.8

(4)小型沼气净化池池容设定

小型沼气净化池已经发展为多种固定池型结构。厌氧发酵主池有圆筒形、球形、椭圆形、矩形、拱形等多种形状。圆筒形、球形、椭圆形结构合理,工程量小,造价低,本文采用普通圆筒形结构,池容按照实际使用人数确定,见表 2。

表2 小型沼气净化池池容表

型号	总池容（m^3）	沉淀池（m^3）	厌氧发酵池（m^3）	水压间（m^3）	过滤池（m^3）	适合实际使用人数（个）
A1	6	0.2	4	0.6	1.2	1～30
A2	8	0.2	6	0.6	1.2	31～40
A3	10	0.2	8	0.6	1.2	41～50

注:表中的实际使用人数按南方地区取值,北方地区适合实际使用人数应将总池容除以0.3。

(5)结构构造和设置要求

地基承载力要求在 $50kN/m^2$ 以上，当池顶为道路时,应考虑地面活荷载。本文提供的池型考虑池顶活荷载按汽车—10 级重车轮压或地面堆载 10KPa。回填土重度 rs=18kN/m^3。沼气发酵主池沼气压力 8～9.5Kpa(即 800～950mmH$_2$O 柱的压力)。

　　沉淀池可参照污水井做法,池容为 0.2~0.35 立方米左右,对于农村公共厕所、学校、工厂等生活污水来源容量大、成分复杂的生活污水处理,应采用预处理池取代沉淀池,预处理池容一般为 2~6 立方米,相当于 5t 吸粪车 1 车的容量,采用砌体结构。

　　厌氧发酵主池可以套用国标 GB/T4570-2002 池型,厌氧发酵主池和生物过滤池池容比例通常为 3∶(0.5~1)。

　　生物过滤池采用卵石填充床接触过滤和填料接触吸附消化原理处理生活污水。

　　人工湿地则可以利用低凹地块的场地来设置,减少开挖。通过渗透和水生动、植物、藻类消化处理生活污水。有条件的地方,应尽量利用天然池塘湿地原生态水生动、植物系统,加以适当的人工湿地成分处理生活污水。

　　小型沼气净化池一般设置在绿化带中,不宜设在人行道上。当沼气净化池与周围建筑物或构筑物比较接近,埋深大于建筑物或构筑物基础时,应按土情况和荷载大小确定沼气净化池和相邻建筑物或构筑物基础间距。一般情况下,沼气净化池的埋设按超过相邻建筑物或构筑物基底深度高差 2 倍控制水平距离,一般不小于 3 米。室内污水、废水管道分流设置,均应当设置存水弯,室外合流进入沼气净化池处理。接入室外管道与室外管道交接处设置窨井。室外管道检查井间距控制在 15 米以内。严把室外窨井和管道施工质量关,做到不渗漏。室外污水、废水管道的敷设与强电、弱电、通信、燃气等管道的间距按国家有关规范确定,一般要求保持安全水平距离 1m 左右,且比其他管道深。位于经常有 10 吨及以上车辆进、出车道下的排污管道顶部距地面的覆土深度应大于 700 毫米,否则,管道需要加固处理;沼气净化池发酵主池池壁上、下须设钢筋砼圈梁,截面不小于 250 毫米×350 毫米,内配 4φ12,φ6@200 钢筋;检查口活动盖板和发酵主池顶板、底板应加厚,并增加配筋量。沼气净化池的位置应设在便于清渣管理的位置,进入清渣的通道宽度不少于 3.5 米,转弯处应有足够的倒车回转半径。池体的布置一般沿地面坡度方向,设在低凹处,方便接入道路排污系统。

　　小型沼气净化池和小型人工湿地处理系统可以作为大型生活污水集中综合净化处理系统的前处理系统。当设置大型生活污水集中综合净化处理系统时,小型生活污水分散处理系统可以不做小型人工湿地系统。

小型沼气净化池也可以单独用于生活污水无害化处理,处理后水压间的生活污水可用于农作物的有机肥料,有效控制粪便传染病流行。这种生活污水处理方法可以就地简单处理,就地排放,同时利用沼气作为清洁能源,达到既节能又可以提高农村的健康水平的目的。

3.生活污水集中综合净化处理技术

70

我国农村很多地区,住户分布稠密,村庄内部空地少,管线和窨井勉强可以在通道内布置,建造小型污水处理工程很困难。这些地方,新建的民居配备了简易化粪池,生活废水、污水经过简易的处理以后,可以纳入管网系统,收集到村庄下游集中治理,达到处理的目的。采用生活污水集中综合净化处理技术,将是农村生活污水处理的发展方向。

(1)适用范围

村庄人口多,民居集中的地方可以采用本技术。村庄中的生活污水和新建民居经过初步处理的生活污水,均可以通过埋设管道密闭式收集,纳入生活污水集中综合净化处理系统。该技术适合实际使用人数150~500人。经过专项设计,可以服务更多的人群。同样适合于国内除局部高寒地区以外的地方使用。

城乡结合部村庄群落、郊外风景名胜区、工业园区、学校等城市生活污水处理量比较大的地方可以应用该技术。

(2)工艺流程

生活污水集中综合净化处理技术工艺流程见图3。

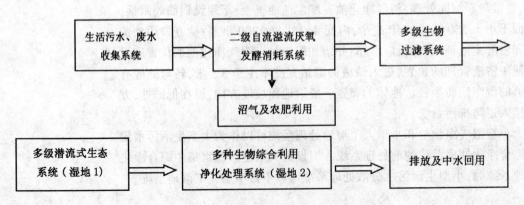

图3 生活污水集中综合净化处理技术工艺流程

生活污水集中综合净化处理系统主要包括多级自流溢流无动力厌氧消耗系统、多级生物过滤系统、多级潜流式生态系统、多种生物净化生态氧化塘处理系统等四个系统。

(3)前处理系统技术原理

前处理系统为沼气净化池,包括预处理池、中型沼气发酵主池、多级厌氧生物过滤池,它有效池容是指使用时液面下的体积。常用的部分中型沼气净化池池容见表3。

表3　B1-3中型沼气净化池池容确定表　　单位:池容(m³);实际使用人数(个)

型号	总池容	预处理池	厌氧发酵池1	水压间1	厌氧发酵池2	水压间2过滤池	适合使用人数
B1	43.5	3.0	20	1.5	10	9.0	150~220
B2	76.2	9.3	35	2.5	15	14.4	250~380
B3	95.5	9.3	50	3.2	20	23.0	320~500

预处理池:有效池容6~10m³,为5t吸粪车一车,留1/3残液。预处理池液面下深度控制在1.2米左右,盖板必须牢靠。村庄生活污水集中处理工程应配置预处理池。预处理池可以阻隔许多块状物进入污水处理系统,提高污水处理效率,有效延长清渣时间。

厌氧发酵主池:生活污水集中综合净化处理系统一般采用2~3座厌氧发酵池,池容根据实际使用人数确定,前级厌氧发酵主池应比后一级厌氧发酵主池池容大,其工作原理和小型沼气净化池一样。厌氧发酵主池的水封圈深度取300毫米左右,这样便于活动盖的安装和开启。发酵主池的埋深和进、出水标高对应,池内不留无效空间,即没有产沼气时液面刚好满至拱顶。这样,在大出渣,活动盖密封后,残液迅速产气不会导致沼气和残留空气混合的爆炸极限。实际应用过程中,相同池容情况下,增加厌氧发酵池级数,延长了自流、溢流流程,可以明显提高处理效果。

厌氧发酵净化处理工艺是通过厌氧细菌的分解作用,将部分有机物(碳水化合物,蛋白质和脂肪等)转化为沼气。厌氧发酵技术既能去除有机物质、氮磷等，又能有效杀灭病毒、降解虫卵，控制粪便传染病的流行。沼气还可为农户提供优质燃料，沼液是植物的优质肥料。

水压间：是厌氧发酵主池的配套池，是沼气气压调节水箱。沼气主要是利用发酵主池内液面和水压间、沉淀池液面差形成气压差，通过水压将沼气"压"出。水压间的有效深度等于最大沼气设计气压减去炉具的可燃最低限压，通常取700毫米水银柱。水压间的容量等于厌氧发酵主池半天产气量。

多级厌氧生物过滤系统：末级水压间的水溢流进入过滤池，通过挡水圈引流到过滤池底分散到卵石床底部从石缝往上部冒出，使污水和卵石充分接触，然后溢流到下一个挡水圈，从下一个卵石床滤出，从而得到逐级处理。生物过滤池内通常采用粒径50~80毫米卵石，下部卵石直径大，上部小，末一二级生物过滤池采用新型接触填料，可以增加生物接触面积。过滤池末一二级生物过滤池可以采用新型接触填料。其技术原理是厌氧微生物附着在填料上形成生物膜。生物膜由种类繁多的细菌和菌类微生物、原生动物类微型动物组成，附着在填料表面，形成膜状生物污泥——生物膜。生物膜在填料上生长繁育，不断进行新陈代谢，老化脱落生物膜随水带出。还有分布在孔隙中的细菌和微生物，吸附并吸收污水中的有机物，降解、净化污水。

沼气发酵主池池容和生物过滤池池容同样为3:(0.5~1)设置。中型沼气厌氧发酵主池池内主要参数见表4。

表4 10m³～40m³厌氧发酵主池主要参数表

几何尺寸 容积（m³）	D(m)	f_1(m)	f_2(m)	H(m)	$H_总$(m)	R_1(m)	R_2(m)
10	3.0	0.55	0.35	1.0	1.90	1.90	3.0
15	3.3	0.65	0.40	1.0	2.05	2.05	3.7
20	3.6	0.70	0.45	1.4	2.55	2.55	3.8
35	3.9	0.90	0.55	1.45	2.90	2.90	4.75
40	4.5	0.90	0.55	1.8	3.20	3.25	4.8

(4)后处理系统技术原理

后处理系统主要是湿地。本技术采用天然或人工湿地及两种湿地相结合的湿地处理技术,即多级潜流式人工生态湿地技术、天然多种生物净化生态氧化塘湿地技术。

多级潜流式人工生态湿地技术原理:该技术为"干湿地",有两种技术方法:一种方法是在湿地两头设多行渗透管,中间为过渡滤层;另一种方法是多级渗透系统,通过级级渗透达到净化的目的。人工干湿地的技术原理是污水在不同介质配比人工湿地床内渗滤、接触、消化、分解,经过各种介质过滤、吸附、净化,多种根系发达的植物透过地面覆盖耕植土伸入湿地床吸收和分解水中"营养物质",达到净化污水的目的,并构成一个人工生态系统。多级潜流式生态湿地系统对CODCr、TN、NH₃-N 和 TP 有较好的去除率。

多种生物天然净化生态氧化塘湿地技术原理:该系统是农村生活污水处理最终处理系统。利用天然湿地系统,保持水中原生态系统,处理效果最好。项目投入使用后,经过一段时间调整,可以形成良性循环系统,达到常年良好的排放水质标准。多种生物天然净化生态氧化塘湿地处理技术,可以在水面、水中、水底放养、种植一些挺水植物、浮岛生物等水景景观生物和水生生物,增加净化处理能力。

(5)厌氧发酵池结构及构造要求

当地基承载力大于或等于 $100kN/m^2$,且土质较均匀时,15 立方米、20 立方米的沼气厌氧发酵主池可以采用素混凝土结构。当池顶受汽车、杂物等重荷载作用时,发酵主池上、下拱支座设钢筋混凝土圈梁。

40 立方米、50 立方米、60 立方米厌氧发酵主池池壁厚 200 毫米。上、下拱支座处设圈梁。无重荷载时,拱顶和池墙可以不配钢筋。当有重荷载时,池壁配置钢筋,纵钢筋不小于 φ12,分布筋不小于φ8@200。

4.沼气净化池施工

沼气净化池施工一般程序为先主池,后过滤池、预处理池、水压间。施工前做好沼气净化池进、出料涵管的内、外刷浆工作。

73

(1)发酵主池施工

①放样:根据土质情况确定放样方案。岩石地基放样时,发酵主池池墙可以用土胎模作为外模。其他土质地基放样尺寸应大于池体外包尺寸,留足操作面和边坡。

②中心点:放样厌氧发酵主池拱底中心为中心点,用准线可以测量开挖池坑和现浇池壁、拱顶的尺寸。池壁和拱顶均以此中心点作为基点,取半圆和拱顶的半径,同时还可以检查池壁和拱顶的圆整度。

③进、出料涵管位置:厌氧发酵主池池坑开挖完毕后,放样进、出料涵管的位置,然后局部挖出涵管槽,制模时将涵管预设。

④池底:厌氧发酵主池池坑开挖完毕后,为防止地基土受雨淋或浸泡,应尽快进行底板施工。基坑表面被水浸泡或扰动破坏时,该土层必须及时清除。底板施工前,按设计要求将池墙基底用水平器具操平,并在坑壁四周作标高标记。按设计图纸修整池底,然后用块石铺底,方便集中收集地下水,石与石之间要嵌紧,再在上面浇混凝土面层,浇捣密实。当地基为岩石或地基土质较好且无地下水时,块石垫层可改做100毫米厚混凝土垫层。中心点用一钢筋头浇入混凝土。

⑤池墙:待池底混凝土强度达到50%的设计强度后,即可浇池墙。浇筑混凝土池墙时,除岩石地基外,不能使用土胎模充当外模,应使用砖模或木模做内、外模。

浇筑池墙时,应注意以下几点:

进、出料管用内径 φ300 毫米普通水泥涵管应事先准备好。管壁用清水冲洗干净。涵管内、外刷纯水泥浆三道。第一道水泥浆纵刷,将涵管内、外表面所有孔隙抹平;第一道刷浆完毕过数分钟后再横刷第二道纯水泥浆;第三道为纵刷。每道纯水泥浆厚度为1~2毫米。

调制纯水泥浆的灰水比为1:0.4,呈厚玉米糊糊状,调匀。

池墙浇筑工作一天内完成,第二天拆模,拆模后,对出现的麻面、蜂窝等应及时修复,修复完成后再做密封层。

当沼气净化池上有重荷载时,池墙上、下设置圈梁,圈梁与池墙的混凝土一起浇捣。

⑥厌氧发酵池拱顶:现浇池拱顶可用砖模或木模。以池底中心点为基准点,取准线长度为圈梁内侧上边角到中心点为曲率半径。拱顶现浇,应从下至上,一圈一圈地分二次或三次浇完,也可以分二层浇

完。拱顶浇筑完毕后,夏天 5 至 7 天拆模,冬天 7 天以后拆模。

⑦水封圈、活动盖施工:水封圈浇筑必须使用木模或钢模。活动盖口、活动盖用钢模预制。

(2)预处理池(沉淀池)施工

沼气发酵主池施工完毕后,开挖预池(沉淀池)池坑。涵管和两池交接处用 1:2.5 水泥砂浆作保护层塞实,保护层厚度不小于 100 毫米。施工时注意不能把涵管碰断。涵管与池底或池壁交接处应考虑先施工。预处理池(沉淀池)的检查井做在方便清渣的位置。施工时注意进料管入口处的挡水圈不能做得太小,以免影响使用后疏通。

(3)水压间施工

从前一级发酵主池到后一级发酵主池之间必须设前一发酵主池的配套池——水压间。水压间的进料管管底应与池底平,出料管可以用 1/4 砖作护圈,内外粉刷、刷浆。出料管上口的标高应高出水压间底面 600 毫米以上。沼气净化池的每一级出口比下出口高 20~50 毫米。进、出料涵管的交接处敷设 1:2.5 水泥砂浆作保护层。

(4)过滤池施工

过滤池的首级池是末级发酵主池的水压间。后面部分为过滤池。过滤池由卵石床其他填料、挡水圈和架空小梁三部分组成。过滤池砌体砌筑完毕后,应先做密封层,试水后不漏,再搁置小梁,做挡水圈,铺填卵石。否则,施工完毕后发现池渗漏,返工难度大,费用高。

(5)地下水处理

①厌氧发酵主池侧壁地下水处理:当现浇或砌筑厌氧发酵主池池墙时,侧壁遇地下水,在池壁外侧用地膜或油毡把地下水引到池底卵石垫层,池底卵石垫层中间应设集水井,及时排水。

②池底地下水处理:施工时,发现池底地下水较大时,则在池外设一个集水井,池底卵石层加厚,让地下水从池底卵石层中排到集水井,池体正常施工。

当开挖后发现基坑内地下水不多,或水量多又没有足够场地的情况下,可以先在池底铺填卵石,做池墙、拱顶,然后再做池底。在池底中部挖集水井,用水泵抽水。浇筑池底时,水泵不停地抽水,预留集水井的位置,待混凝土初凝后,撤除水泵。三天后,将池内水抽出,做好池底板密封层。混凝土终凝后,施工预留孔时,在池内准备一定数

75

量的卵石,1:2 水泥砂浆,容量 2 斤的无底玻璃瓶若干。将集水井中的水全部抽除,用布吸净,然后迅速倒入卵石,在卵石上放置无底瓶,瓶口朝上,底朝下,在瓶的周围塞紧混凝土。在混凝土表面用水泥包装纸将混凝土盖紧压实。地下水自然地从瓶口涌出。三天后,将池中水抽干。用备好的瓶盖将瓶口紧封。当池底不漏时,瓶盖上部用 1:2 水泥砂浆封闭。

在厌氧发酵池池底中心预留集水井,用集水瓶处理地下水时,在没有地下水的场合,池内一些残留的浮砂等,可以冲洗干净;当发酵主池施工完毕,遇雨天,池侧及池底的雨水会对池体形成浮力,抬起池体,影响施工质量,设置集水井可以使池内外水体连通,不会因为浮力影响施工质量;采用池底集水井排水时,操作方便,工程量小,见效快。

(6)池壁渗漏处理

沼气发酵主池施工完毕后,发现池内壁渗漏,可以采取措施处理。池壁冒汗时,涂刷水玻璃,或用普通水泥敷抹。池壁渗水较大时,用凿子将孔凿开,敲实小石子。池壁严重渗漏时,将漏水孔凿开,放置小无底玻璃瓶,把孔内水引出,再用备好的 1:2 水泥细砂在孔边塞紧。三天后,将瓶盖旋紧,不漏后抹上 1:2 水泥砂浆作保护。

(7)五层做法和三层做法

沼气净化池池体外壁用 30 厚 1:2.5 水泥砂浆粉刷,发酵主池内密封层采用五层做法;预处理池、水压间、过滤池内密封层采用三层做法。

①五层做法(厌氧发酵主池内密封层)

基层刷浆:刷纯水泥浆 1~2 遍;

底层抹灰:1:2.5 水泥砂浆(5 毫米厚);

刷浆:刷纯水泥浆 1 遍;

面层抹灰:1:2 水泥砂浆(5 毫米厚);

表面处理:用纯水泥浆或纯水泥浆与硅酸钠分层涂刷或热熔石蜡喷涂 3 遍。

②三层做法(其他池内密封层)

底层抹灰:1:2.5 水泥砂浆(5 毫米厚);

面层抹灰:1:2 水泥砂浆(5 毫米厚);

刷浆:刷水泥浆 1~3 遍。

(8)特殊处理

①淤泥地基

遇到淤泥地基时,若池顶无重压,可先用大块石压实,再用碎石或砂填平,然后浇筑 1:5 水泥砂浆一层,再做基础施工。

②膨胀土或湿陷性黄土地基

当开挖的地基是膨胀土或湿陷性黄土地基时,应更换好土,采取排水、防水措施,池与池之间合理设置沉降缝。

(9)其他要求

①混凝土材料

水泥:优先选用硅酸盐水泥,也可用矿渣硅酸盐水泥和火山灰硅酸盐水泥;

中砂:不含有机质,含泥量不大于 3%,云母含量小于 0.5%;

碎石:粒径为 0.5~2 厘米,级配合理,孔隙率不大于 45%,针状、片状小于 15%,压碎指标小于 10%~20%,用水冲洗后泥土杂质含量小于 2%,石子强度大于混凝土标号 1.5 倍。

②养护

硅酸盐水泥拌制混凝土,应在浇捣完毕 12 小时后连续潮湿养护 7 昼夜以上。

③拆模

厌氧发酵主池拆侧模时混凝土的强度不低于设计标号 40%;拆承重模时混凝土强度不得低于设计标号 70%。拆模后即进行内外粉刷,做密封层。

5.农村生活废水、污水的收集

室内生活污水用 φ100~150 毫米 PVC 管道收集,抽水马桶和自带存水弯的蹲便器可以直接接入管道。没有自带存水弯的蹲便器应设置"P"形存水弯将生活污水接出。

农村的工厂、学校、餐饮店等的食堂废水进入化粪池或其他处理池前,应设隔油池,及时清理池中悬浮的油污和其他杂质。去油污后的废水方可进入生活污水处理系统。隔油池的做法是做一个水池,内深约 1.5 米,可装水 1.5~6 立方米,将进、出水池的管道伸入液面下 300 毫米左右,废水从液中部位流出。

(1)污水支管的设置

生活污水支管可以收集一幢或多幢民居内排出的生活污水和废水。每户至少设置 1 个接户污水井,将经过化粪池或小型生活污水处理系统初步处理后的生活污水接入支管。根据流量确定支管管径,一般取 φ150~250 毫米涵管。民居中排出管道与支管交接处,必须设污水窨井。支管上的污水窨井间距控制在 15 米以内,方便疏通,并依据民房排水布置的位置,在总管两侧或一侧、上游铺设。支窨沿线窨井内空取 370 毫米×370 毫米或 500 毫米×500 毫米,半砖壁,内深度在 1.2 米以内。内深大于 1.2 米的窨井,内空不小于 500 毫米×500 毫米,用一砖井壁。窨井内底做流槽,呈半圆状,使污物不沉积。支管埋设的坡度宜大于 5‰。

(2)污水总管的设置

污水总管设置应充分考虑村庄的地形,结合农房布局情况和新村庄规划,按照分散便捷的原则,设置在便于与支管连接的地方,根据地势由高往低,沿原有的水沟或渠道布置,将污水收集到村庄下游处理。污水总管上的检查井设置在支管接入处。检查井间的间距一般控制在 25 米以内,采用方井或圆井,内空取 500 毫米×500 毫米或 620 毫米×620 毫米,直径 D500 毫米或 620 毫米,一砖壁,管径不小于 φ250 毫米。

6.浙江省金华市婺城区白龙桥镇洞溪行政村生活污水处理实例

浙江省金华市婺城区白龙桥镇洞溪行政村,位于金华市西郊,由也雅、叶村和洞溪三个自然村组成,常住住户 277 户,789 人,外来打工 5200 多人,村中有 213 家工业企业,2004 年村年人均收入 8000 元,为婺城区城乡一体化试点村,被省政府命名为首批省级"全面小康建设示范村"、金华市首批"农业和农村现代化示范村"、婺城区"文明村"。

该村具有很多城镇特点,但没有城镇基础设施。2004年浙江省建设厅在该村开展村镇生活污水集中综合处理研究试点。村、镇、区、市共同解决污水处理工程建造资金。2004年11月18日开工,完成2050米主管、350米支管铺设,108只窨井,94立方米厌氧消化和生物过滤池,300立方米潜流式生态处理池,池上种植了24株杨柳、800株黄馨、5000株菖蒲。在多种生物净化氧化塘里放养了螺蛳、鲢鱼、鳙鱼苗等。工程于2005年4月15日竣工,经过半年多时间运转,12月20日通过省建设厅验收鉴定(表5,表6)。

79

表5 洞溪村生活污水监测结果 测试时间:2005年8月3日

采样点位	pH	COD_{Cr} (mg/l)	BOD_5 (mg/l)	NH_3-N (mg/l)	悬浮物 (mg/l)	样品性状
洞溪进口	7.17	655	325	25.9	1.76×103	黑
洞溪沼气池出口	7.49	147	95	23.7	43	浑
洞溪总出口	7.65	57	23	2.98	69	微黄
洞溪渠道水	7.32	36	14.1	2.74	36	清

表6 国家污水综合排放标准 单位:mg/L(除pH外)

污染物等级	pH	CODCr	BOD_5	NH_3-N	悬浮物
一级标准	6-9	100	30	15	70
二级标准	6-9	150.	60	25	200

作者:刘顺炎,傅胜华,杜晓增,金意景
设计单位:浙江省金华市婺州环境卫生工程设计院
负责人:刘顺炎

主要参考文献

[1]王润山.陕南乡土居民建筑材料及室内热环境[硕士学位论文].西安:西安建筑科技大学,2003.

[2]刘念雄,秦佑国.建筑热环境.北京:清华大学出版社,2005.

[3](美)Lynne Elizabeth,Cassandra Adams 编著,吴春苑译.新乡土建筑——当代天然建造方法.北京:机械工业出版社,2005.1.48

[4]单德启.从传统民居到地区建筑.北京:中国建材工业出版社,2004.

[5]林川,房志勇.京郊小城住宅建筑设计研究与思考.

[6]房志勇,林川.新农村农宅设计研究与实践.

[7]金虹,赵华.关于寒地村镇节能住宅设计的思考.哈尔滨建筑大学学报,2001(3):96~100.

[8]金虹,李连科,陈庆丰.北方村镇住宅外围护结构衰减度指标的研究与应用.哈尔滨建筑大学学报,2000(3):74~79.

[9]陈庆丰.建筑保温设计.哈尔滨工业大学校内教材,1999:136~138.

[10]丁俊清.中国居住文化.同济大学出版社,1997.

[11](美)理查德·瑞吉斯特著,王如松,胡聘译.生态城市——建设与自然平衡的人居环境.社会科学文献出版社,2002.

[12]盛连喜,景贵和.生态工程学.东北师范大学出版社,2002.

[13]邓晓红,李晓峰.生态发展、中国传统聚落未来.新建筑,1999(3).

[14]清华大学建筑学院.建筑设计的生态策略.中国计划出版社,2001.

[15]任春晓.环境哲学新论.江西人民出版社,2003.